1+1 幸福成雙手作包

適合閨蜜、情侶、親子 一起使用的完美設計手作包

目錄 / CONTENTS

Part 1
・友誼長存・
閨蜜篇

超好麻吉饗樂包・P008

情比姊妹深肩背包・P020

水洗帆布花朵包・P030

Part 2
・其樂融融・
親子篇

元氣飯糰後背包・P042

幸福時光後背包・P056

Part 3
•獨領風騷•
個人篇

都會甜心微笑包・P070　　　逍遙樂活後背包・P080

Part 4
•出雙入對•
情侶篇

男朋友女朋友側背包・P092　　就愛放閃隨行包・P102　　魅力百分百單肩包・P113

作者序

　　一開始的靈光乍現，是想設計成雙成對的作品組合，於是有了：「閨蜜姊妹包」、「親子家庭系列」、「個人特色風格」、「情侶甜蜜組合」…等，創作元素的發想。也因為我們倆的作品風格與詮釋方式不同，讓每一個主題的作品設計，呈現更多元與豐富感。涵蓋的範圍很廣：有男用包、女用包、大人與小孩款，以情感的連結做為基礎來發想設計，是一本全方位的手作書。

　　這本書的誕生對我們倆而言，有著特別的意義與情感。除了師生之誼外，更像是有默契與志同道合的好朋友，一起在手作路上，開心創作。

　　感謝飛天手作興業的熱情邀約，讓我們有機會做一本我們想要的手作書！也感謝支持與力挺的好朋友們協助參與拍攝，這是充滿感情故事的一本手作書。

李依宸、紅豆

前導

　　關於這本書是一個1＋1大於2的概念。

　　作品以成雙、成對、成組、成套的方式，以子母包、親子包、情侶包、大小包等不同的款式來呈現。（同中求異）

　　包款各具個人特色，與風格不同的兩位作者（依宸老師＋紅豆）師生協力合著。

　　依宸老師令人耳目一新的時尚精品包款設計，與紅豆以貼近生活實用性為設計訴求的輕甜系手作（異中求同），碰撞產生出這本獨具魅力又非常有溫度的手作書。

企劃編輯序

　　從無到有，是一種很辛苦卻也很有成就感的體驗，不論製作一個手工包或製作一本書都是。當做包跟做書兩者結合時，往往辛苦指數便會倍增，所以在這趟「旅程」中攜手克服每個階段的作者跟編輯，都會產生十分珍貴的革命情感。

　　在跟依宸老師合作《玩包主義》之後，經老師的推薦認識了紅豆，更深刻體會到充滿熱情的老師，果然就有充滿熱情的學生。回想過往為雜誌邀稿時，樂於接招各種主題的兩位老師，都讓人非常佩服她們源源不絕的創意，便也一直想著，若兩位老師能一起出書一定很好玩，終於，真的迎來出書的日子。

　　書中匠心獨具的包款設計及豐富紮實的教學內容，相信只要跟著動手製作，絕對能感受到兩位老師對手作包的滿滿熱愛，也希望擁有此書的你，能更輕鬆愉快地成為巧手做包的專家。

維文

團隊成員

模特兒-檸檬家族：當初接到兩位老師要出合輯的消息，簡直欣喜若狂，兩位老師都是我非常欣賞仰慕的，能幫忙老師們也是檸檬媽的榮幸。讓檸檬家族擁有最難忘的回憶，Forever～
女兒檸檬説：外拍好好玩，但我不喜歡蜜蜂耶～

模特兒-庭羽：那天的拍攝太多精彩的事發生了！拍了一整天，遇到新朋友，漂亮的手工包 （讓我也想買一個回家），和看到稀奇的昆蟲像竹節蟲 （超酷的）。非常感謝兩位老師找我合作此案！感謝大家當天的陪伴，那天辛苦了。

模特兒-品帆：很高興能參加依宸老師和紅豆老師的包包外拍活動，每個包款都有別出心裁的地方，已經迫不及待看新書發表了，希望還有機會能參加下一季的外拍。

攝影師-阿平：手作包在台灣長久以來一直都不會因時間或潮流影響消失，可見手作書仍有不少的粉絲追尋愛護。從選定人物、決定服裝、討論細節、場地礴景，按照規劃進行，到了實際拍攝的日子，運氣也不錯呢！夥伴們細心的事前規劃成就了一本好書，希望手作包也能延續下去，給已知的未知的世界留下美好。

執行編輯-人鳳：從拍攝前，兩位作者和攝影師花了很多心思與時間討論溝通，希望能產出與眾不同的手作書，為了將最好的呈現給購買此書的人，讓讀者感受到超值與團隊的用心。我很榮幸能參與其中，與所有團隊一起努力。

友誼長存
·閨蜜篇·

Part 1

超好麻吉。饗樂包

密合式的拉鍊袋口設計，讓人好安心！圓潤討喜，可肩背、手提或後背，不論是與姐妹淘相偕逛街購物，還是喝咖啡聊心事，都超麻吉的。

← 後袋身有隱藏式的拉鍊口袋。

↓ 前袋身有微笑開口的造型口袋。

【完成尺寸】
A.肩背款：最寬48cm×高31cm（不含提把）×底寬16cm
B.手提、後背款：寬38cm×高29cm×底寬14cm

可後背也可手提使用。

Materials

Ⓐ肩背款：

【用布量】

表布： 日本八號帆布約1.5尺、圖案布約75×95cm一片。

裡布： 棉布約80×95cm一片。（視內口袋多寡）

【配件】

30cm定吋拉鍊×1條、15cm定吋拉鍊×1條、28mm雞眼×4組、裝飾木釦×1個、掛耳皮片組（1.5×5.3cm）×2組、提把×1組。

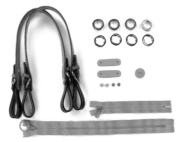

【裁布與燙襯】

紙型Ⓐ面

部位名稱	尺寸	數量	燙襯／其它
表布（8號帆布）			
前表袋上貼邊	版型A1	1	洋裁襯
後表袋上貼邊	版型B1	1	洋裁襯
袋底	版型D	1	洋裁襯
表布（圖案布）			
前表袋身	版型A2	1	厚布襯（不含縫份）＋洋裁襯
後表袋身	版型B2	1	厚布襯（不含縫份）＋洋裁襯
側身	版型C	1	厚布襯（不含縫份並扣除拉鍊框）＋洋裁襯
裡布（棉布）			
裡袋身	版型E	2	洋裁襯
側身	版型C	1	洋裁襯
後袋身拉鍊口袋布	19×36cm	1	
裡袋身口袋布	依喜好製作		

※若使用其它素材，燙襯需求請依喜好斟酌調整。

※版型為實版，縫份請外加。數字尺寸已內含縫份0.7cm，後方數字為直布紋。

Materials

Ⓑ 手提、後背款：

【用布量】

表布：日本八號帆布約1尺、圖案布約2尺。

裡布：棉布約2尺。（視內口袋多寡）

【配件】

25cm定吋拉鍊×1條、15cm定吋拉鍊×1條、裝飾木釦×1個、
磁釦×1組、掛耳皮片組（1.5×5.3cm）×2組、2.5cm口型環×4個、
2.5cm日型環×2個、2.5cm尼龍織帶（5cm×4條＋18cm×2條＋100cm×2條）、
鉚釘×4組（固定背帶用）。

【裁布與燙襯】

紙型 Ⓐ 面

部位名稱	尺寸	數量	燙襯／其它
表布（8號帆布）			
前表袋上貼邊	版型F1	1	洋裁襯
後表袋上貼邊	版型G1	1	洋裁襯
袋底	版型I	1	洋裁襯
袋蓋	版型K	正×1、反×1	洋裁襯
檔布	版型L	2	
表布（圖案布）			
前表袋身	版型F2	1	厚布襯（不含縫份）＋洋裁襯
後表袋身	版型G2	1	厚布襯（不含縫份）＋洋裁襯
側身	版型H	1	厚布襯（不含縫份並扣除拉鍊框）＋洋裁襯
裡布（棉布）			
裡袋身	版型J	2	洋裁襯
側身	版型H	1	洋裁襯
前袋身口袋布	15×26cm	1	
後袋身拉鍊口袋布	19×36cm	1	
裡袋身口袋布	依喜好製作		

※若使用其它素材，燙襯需求請依喜好斟酌調整。

※版型為實版，縫份請外加。數字尺寸已內含縫份0.7cm，後方數字為直布紋。

A 肩背款

▼ 製作側身拉鍊袋口

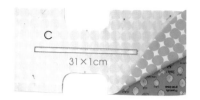

01 側身表布貼燙厚布襯，須先扣除拉鍊框的部份，接著再貼燙洋裁襯。

02 側身表、裡布（C）正面相對，裡布背面朝上，如版型位置出31×1cm的拉鍊方框，並沿方框車縫固定。

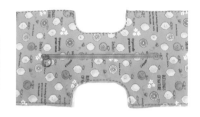

03 於方框中剪出雙頭Y字線後，將裡布自方框翻至表布後方，縫份倒向裡布，於方框兩長邊的裡布壓線。※此動作可讓袋口更平整服貼。

04 袋口整燙後，將30cm拉鍊置於方框下方，沿方框四周車縫，完成拉鍊袋口。

05 將表、裡側身四周沿邊疏縫固定。

▼ 製作前袋身

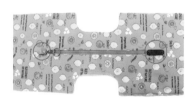

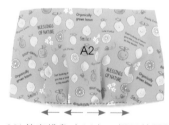

06 於拉鍊兩端釘上易拉掛耳皮片。

07 前表袋身（A2），褶子依記號處摺好疏縫固定。

08 前表上貼邊（A1）與前表袋身（A2）車縫相接，縫份倒向袋身，沿邊壓裝飾線。

▼ 製作後袋身

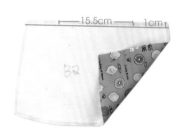

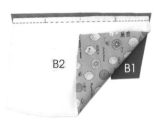

09 後表上貼邊（B1）於背面距布邊2cm畫出一直線，中心位置標示出15.5cm拉鍊預定位置。

10 後表袋身背面（B2）上方距布邊1cm畫出一直線，並標示出15.5cm拉鍊預定位置。

11 後表袋身（B2）與後表上貼邊（B1）正面相對，背面朝上，對齊記號線位置車縫固定。※中間拉鍊位置請放大針距疏縫，且頭尾均需打結。

12 翻至背面，先把縫份燙開。

13 再將後表袋身的縫份向下拗折約0.3cm並整燙定型。

14 攤開後表上貼邊布（B1），並於正面中心畫出1.5×15.5cm的拉鍊ㄇ型框位置。

15 取15cm拉鍊朝上，置於口袋布中心，疏縫固定於口袋布上。

16 再將拉鍊口袋布，置中於步驟13拗折的0.3cm折線下方，並沿折線於上方壓線，將口袋布車縫固定上去。

17 翻到背面將上貼邊的縫份打開，再將口袋布向上拗折（正面相對）至與拉鍊同高，上方車縫固定。

18 先將後表上貼邊布（B1）正面的拉鍊ㄇ型框，起點的疏縫線拆掉一小段，將拉鍊頭先拉出。

19 接著車縫ㄇ型框，完成後將其餘的疏縫線拆完。側邊多餘的貼邊順修剪掉。

20 翻到背面車縫口袋布兩側（如強力夾處），完成口袋。

▼ 製作裡袋身與組合

21 將前、後表袋身分別與袋底（D）相接合，縫份均倒向袋底，並翻正沿邊壓線。

22 依個人喜好製作內口袋，將二片裡袋身（E）的下方車縫相接並預留返口，再將縫份燙開備用。

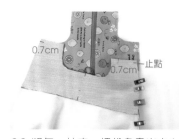

23 將每一片表、裡袋身畫出中心點記號，側身畫出止縫點與中心點位置。於前、後表袋身兩側上方距布邊各畫出0.7cm縫份記號，先將前表袋身0.7cm縫份記號與側身止縫點相對，並由此點開始往下車縫。

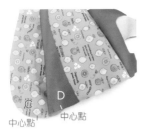

24 接續車縫要注意側身的中心點位置要與袋底中心點相對。

25 一直車縫至另一端後袋身的止縫點為止。

26 另一側作法相同,完成表袋組合。

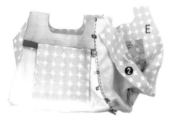

27 於側身止縫點正上方,剪一道牙口。※牙口長度不要超過縫份大小。

28 利用止縫點的牙口,將側身往袋口處轉彎,對齊好即可繼續車縫。

29 完成兩側的袋口接合。

30 表、裡袋身夾車側身:❶先將裡袋身置於完成後的對應位置上(與表袋身背面相對)。

31 ❷再翻折讓裡袋身與裡側身正面相對,沿邊(如強力夾處)車縫一圈固定。

32 完成一側後,如圖由a繞過袋身與b正面相對,夾車另一側側身(如強力夾處)。※袋身因夾車而容易捲皺起來,造成車縫不易。建議分段車縫,先以強力夾固定一段,車縫好後再往下夾另一段,反覆之。車縫時要確實將表裡布攤平慢慢車縫。

33 車合袋口,在圓弧處剪牙口,並將縫份修小,接著再車合另一側袋口,共2個。

34 由裡袋身預留的返口處翻回正面，並於前表袋身上貼邊的中心位置縫上裝飾木釦。

35 整理袋型，並在袋口兩側安裝28mm雞眼釦，共4組。

36 縫合裡袋身返口，勾上提把即完成！

▼ 製作側身拉鍊袋口

▼ 製作前袋身

B 手提、後背款

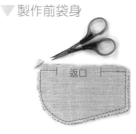

01 作法同肩背款步驟1～6，側身（H）表裡布正面相對，依版型位置於裡布背面畫出25.5×1cm的拉鍊方框，完成25cm定吋拉鍊袋口，並於拉鍊兩側釘上易拉掛耳皮片。

02 將2片袋蓋（K）正面相對沿邊車縫，於直線處留一段返口，並修剪縫份。

03 翻回正面，將袋蓋的返口縫合後，沿邊壓0.5cm的裝飾線。

04 將口袋裡布的背面中心點位置，對齊表袋身口袋位置，依版型畫出微笑袋口。

05 沿邊車縫固定後於中間剪一道開口。上下兩長邊縫份最寬留約0.5cm，超出的部份請修剪掉。

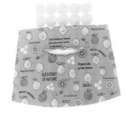

06 口袋裡布自開口處翻到表袋身後方，直線處的縫份倒向裡布，沿邊壓線。

07 翻到正面，整燙袋口，並沿微笑袋口邊壓線。※小心不要車到後方的口袋裡布。

08 翻到背面，口袋裡布三邊車縫，完成口袋。

09 將袋蓋上緣固定於前袋身對應
位置上，車縫雙線。（兩線相
距約0.3cm）

10 於袋蓋正面縫上裝飾木釦，袋
蓋背面與袋身對應位置上縫上1組
磁釦。

11 表上貼邊（F1）與表袋身
（F2）相接，縫份倒向袋身並
沿邊壓線。

12 取18cm織帶，分別固定於U型
袋口兩側距上方1cm的位置。

13 車縫好袋口短提把。※因為袋
口有弧度，織帶放置時順放即
可。

14 取2條各100cm的織帶分別固
定於袋口兩側中心位置，即完
成前表袋身。

▼ 製作後袋身

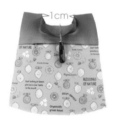

15 後袋身與蓋式拉鍊口袋製作，
與【肩背款】相同，請參考步
驟9～20。

16 取18cm織帶，分別固定於U型
袋口兩側距上方1cm的位置。
完成袋口短提把。（因為袋
口有弧度，織帶放置時順放即
可）

17 取5cm織帶套入口型環，置於
襠布（L）正面距中心點0.5cm
位置固定，襠布對折將口型環
包覆於其中，車縫固定。

18 翻回正面，順修多餘的布邊
後，壓縫襠布L邊，共完成2片
襠布。

19 將襠布疏縫固定於後表袋身下
方距布邊1cm的位置。

20 取5cm織帶套入口型環，固定
於後表袋身的袋口兩側中心位
置。完成後表袋身。

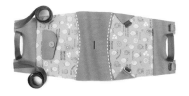

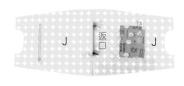

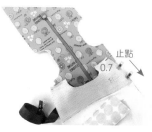

止點
0.7

21 將前表袋身與袋底（I）相接合，縫份倒向袋底，並沿邊壓線。後表袋身亦同。

22 依個人喜好製作內口袋，再將2片裡袋身（J）底部車縫相接並預留返口，縫份燙開備用。

23 表袋身兩側上方距布邊各畫出0.7cm縫份記號位置，再與側身止縫點相對，並由此點開始往下車縫。與【肩背款】相同，請參考步驟23～29完成袋身組合。

剪牙口
↑剪牙口

24 請參考步驟30～32完成表、裡袋身夾車側身。※請注意各邊中心點位置要確實對準。

25 車合袋口，請將袋口的短提把織帶拉平，分段車縫。共完成2個袋口。由裡袋身預留的返口翻回正面之前，將袋口的縫份修小並剪牙口。※因本款的袋型與袋口弧度均比【肩背款】更小，且袋口有織帶，組合夾車的困難度會增加，請耐心地放慢速度車縫組合。

▼ 製作可調式背帶

26 由返口翻回正面，整理袋型並將前表袋身袋口的織帶，先穿過後表袋身上方的口型環，接著穿入日型環再穿過檔片的口型環，最後穿回日型環，尾端以鉚釘固定。

27 縫合裡袋身返口，完成！

情比姊妹深。手提包

約最好的朋友逛街、喝下午茶，一起帶上相同款式的包包，見證妳們的好交情。除了手提包外，還有手拿包，也可當化妝包使用，是女孩們必備的實用包款組。

造型口袋的設計變化，讓包款與眾不同，子母包組合亦可當袋中袋。

袋口拉鍊貼近身體，
放入貴重物品更安心。

【完成尺寸】
A.手提大包：寬28cm×高21cm×底寬11cm
B.手拿小包：寬18cm×高12cm×底寬5cm

Materials

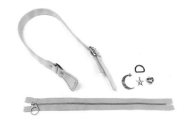

Ⓐ Ⓑ 大包＋小包款：

【用布量】

表布2尺、裡布3尺、配色布（Ａ）1尺、配色布（Ｂ）1尺「滾邊」、厚布襯1碼、洋裁襯1碼。

Ⓐ 手提大包款：

【配件】

拉鍊30cm×1條、肩背帶×1組、裝飾吊飾×3個、D型環×1個、透明薄膠片5×29cm一片、厚膠片10.5×21cm一片。

【裁布與燙襯】 表布為8號帆布，燙襯可依個人選布來決定。　　　　　　　　紙型 Ⓑ 面

部位名稱	尺寸	數量	燙襯／其它
表布（8號帆布）			
前袋身	版型	1	厚布襯不含縫份＋厚布襯含縫份
後袋身上片	版型	1	厚布襯不含縫份＋厚布襯含縫份
後袋身下片	版型	1	厚布襯不含縫份＋厚布襯含縫份
※後上片與後下片接合位置不要有襯。			
上側身	版型	1	厚布襯不含縫份
下側身	版型	1	厚布襯不含縫份＋厚布襯含縫份
配色布（Ａ）			
前口袋布	版型	1	厚布襯不含縫份
後口袋袋蓋	版型	2	厚布襯不含縫份
後口袋布A	版型	1	
後口袋布B	版型	1	
裝飾吊環布	長3.5×寬4.5cm	1	
配色布（Ｂ）			
前口袋滾邊布	4×26cm	1	斜布條
裡布			
前口袋裡布	版型	1	洋裁襯
裡袋身	版型	2	洋裁襯
上側身	版型	1	洋裁襯
下側身	版型	1	洋裁襯
底板布	23.5×23.5cm	1	
滾邊布	4×180cm	1	斜布條

※版型為實版，縫份請外加。數字尺寸已內含縫份0.7cm。

Materials

Ⓑ 手拿小包款：

【配件】
拉鍊18cm×1條、圓型環×2個、裝飾吊飾×1個、手機吊飾×1個、刺繡線少許。

【裁布與燙襯】

紙型 Ⓑ 面

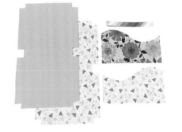

部位名稱	尺寸	數量	燙襯／其它
表布（8號帆布）			
表袋身	版型	1	厚布襯不含縫份
吊環布	長4×寬3cm	2	
配色布（A）			
前口袋表布	版型	1	厚布襯不含縫份
配色布（B）			
滾邊布	4×28cm	1	斜布條
裡布			
裡袋身	版型	1	洋裁襯
前口袋裡布	版型	1	洋裁襯

※版型為實版，縫份請外加。數字尺寸已內含縫份0.7cm。

How To Make

Ⓐ 手提大包款

▼ 製作前口袋

疏縫→ ←車縫

01 取前口袋配色布，表＋裡背對背疏縫固定，如圖位置車縫滾邊布。

02 滾邊摺好，正面沿弧度邊壓0.2cm裝飾線。

03 壓好線，背面所呈現的樣子。

04 裡袋身依個人需求自由製作內口袋。

05 取裝飾吊環布，兩邊往中間折燙，再穿入D型環，對折後車縫固定。

▼ 製作表裡前袋身

06 將表袋身與裡袋身背對背疏縫一圈，再將D環布放在適當位置固定。

07 袋身兩片疏縫好，背面所呈現的樣子。

▼ 製作後袋身袋蓋口袋

08 取後口袋袋蓋布2片，正面相對車縫。

09 車縫好後弧度處剪鋸齒。

10 翻回正面燙平備用。

11 取後口袋布A與後袋身下片正面相對，上方對齊，如圖示車縫固定。

12 車縫好後弧度位置剪牙口。

13 翻回正面，縫份倒向口袋布車臨邊線，再依弧度整燙好。

14 取後口袋布B與A正面相對，車縫U型。

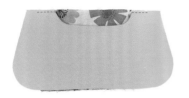

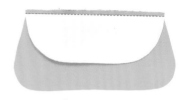

15 翻回正面，後袋身下片的上方，開口兩邊疏縫一段固定。

16 再放上後口袋袋蓋，蓋住開口處，上方車縫固定。

17 取後袋身上片與下片正面相對，上方對齊車縫。

▼ 製作上下側身

18 翻回正面，縫份倒向上方，車縫臨邊線固定。

19 取底板布對摺，車縫一邊，一邊縫份摺起。

20 底板布翻回正面，擺放在袋底置中靠上邊位置疏縫固定。

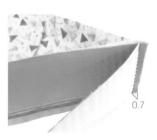

21 取上側身表、裡布夾車拉鍊一邊。

22 翻回正面，車縫臨邊線固定。

23 取下側身表、裡布夾車上側身兩短邊。

←膠片

24 翻回正面，表裡側身對齊好，兩長邊疏縫固定，上側身先不要疏縫。

25 上側身放入透明薄膠片，再將側邊疏縫起來。

26 將滾邊布摺燙好，側身兩長邊先車縫滾邊。

▼ 組合袋身

27 將後袋身與裡袋身背面相對疏縫一圈。

28 後袋身與側身拉鍊邊部分正面相對，對齊好車合一圈。

29 車縫好後，背面所呈現的樣子。

30 再將前袋身與另一邊側身正面相對車合。

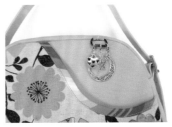

31 滾邊條摺好包住縫份，手縫藏針縫固定。

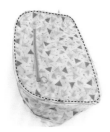

←厚膠片

32 袋底底板布放入厚膠片，返口藏針縫合。

33 翻回正面，整理好袋型，兩側邊適當位置縫上肩背帶皮片。

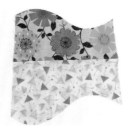

34 前袋身的D型環裝上裝飾吊飾即完成。

▼ 製作前口袋

B 手拿小包款

0.7cm

01 取表裡前口袋布，正面對正面車縫下方。

02 翻回正面，將接縫處稍微燙平。

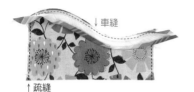  

03 再對摺燙好，兩側疏縫固定。並在上方弧度處車縫滾邊。

04 滾邊布翻摺燙好，正面車縫臨邊線固定。

05 車縫好後背面所呈現的樣子。

▼ 製作袋身吊環

06 將前口袋固定在表袋身位置上，依需求車縫分層線。

07 取吊環布，摺燙配合圓環的寬度，再穿入圓型環，對摺車縫固定，共2組。

08 如圖位置固定吊環布。一個在右側口袋滾邊上方，一個在左側口袋滾邊下方。

▼ 製作袋口處拉鍊

  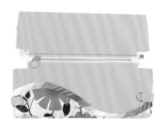

09 取表裡袋身，在袋口處夾車拉鍊。

10 翻回正面，車縫臨邊線固定。

11 同作法完成另一側拉鍊夾車並壓線固定。

▼ 組合袋身

返口

12 將表袋對表袋，裡袋對裡袋，車縫兩側，裡布一側留返口。

13 側邊縫份燙開，車縫表袋底角固定，共兩邊。

14 同作法完成裡袋底角的車縫。

15 拉鍊兩端位置的表裡拉角一起車合。

16 由返口翻至正面後，將返口藏針縫縫好。

17 再將上方袋口布往下推。

18 翻出裡袋身，如圖示車縫上下0.2cm的臨邊線，讓袋口布比較立體。

19 上方口布完成呈現的樣子（全密閉式拉鍊）。

20 袋口處可用繡線縫毛毯邊縫裝飾。

21 依喜好位置縫上裝飾吊飾，並扣上手機吊飾即完成。

水洗帆布。花朵包

由袋底延伸拉高至側身的美麗曲線，與袋口或袋底的微微拉摺相呼應，
就像是雙手托腮的花仙子。水洗帆布扎實的手感，與洗舊樸實的自然風，
展現出個性又不失柔美。

 袋口用微束口設計，形成
如花朵般的自然曲線。

肩背包底部斜褶巧思，
含有花形的元素。

Beautiful

【完成尺寸】

A.手提、肩背款：最寬33cm×高31cm（不含提把）×底寬10cm

B.肩背、斜背款：寬23cm×高21cm×底寬8cm

裡袋用拉鍊夾層分隔，
物品整齊好拿取。

後袋身的貼式口袋，
放悠遊卡或面紙剛剛好。

Materials

Ⓐ 手提、肩背款：

【用布量】

表布： 水洗八號帆布黃色（主布）約2.5尺、水洗八號帆布咖啡色
（配色布）40×50cm一片。

裡布： 棉布約2尺（視內口袋多寡）。

【配件】

束口帶約80cm、束套×1個、3mm塑膠條（出芽用）約147cm ❶、
皮釦×1組、17mm雞眼×6組、鉚釘數組、PE板22×10cm一片。

【裁布與燙襯】

紙型 Ⓐ 面

部位名稱	尺寸	數量	燙襯／其它
水洗八號帆布黃色（主布）			
前表袋身	版型A	正×1、反×1	
後表袋身	版型B	1	
前裡袋身上貼邊	版型D	1	
後裡袋身上貼邊	38.5×5.5cm	1	
側身袋底	版型G	1	
提把布	4.5×50cm	2	
水洗八號帆布咖啡色（配色布）			
前表袋身配色布	9.5×33.5cm	1	
後袋身口袋表布	版型C1	1	
後袋身口袋裡上貼邊	版型C2	1	
提把布	4.5×50cm	2	
裡布（棉布）			
前裡袋身	版型E	1	洋裁襯
後裡袋身	版型F	1	洋裁襯
後袋身口袋裡布	版型C3	1	
活動底板布	24×22cm	1	
內口袋	依喜好製作		
薄的合成皮條（厚度約0.8mm）			
斜布條出芽布（1）	2.5×150cm	1	

※若使用其它素材，燙襯需求請依喜好斟酌調整。

※版型為實版，縫份請外加。數字尺寸已內含縫份0.7cm，後方數字為直布紋。

Materials

Ⓑ 肩背、斜背款：

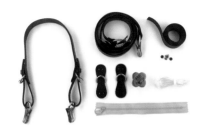

【用布量】

表布： 水洗八號帆布咖啡色（主布）約1.5尺、水洗八號帆布黃色（配色布）20×25cm一片。

裡布： 棉布約1.5尺（視內口袋多寡）。

【配件】

20cm定吋拉鍊×1條、3mm塑膠條約100cm ❷＋65cm ❸、造型轉鎖×1組、肩背帶×1組、斜背帶×1組、皮革掛耳×2組、PE板約19×8cm、EVA軟墊23×18cm一片、鉚釘數組。

【裁布與燙襯】

紙型 Ⓐ 面

部位名稱	尺寸	數量	燙襯／其它
水洗八號帆布咖啡色（主布）			
前表袋身	版型H	正×1、反×1	
後表袋身	版型I	1	
側身袋底	版型K	1	
袋蓋（表）	版型J1	正×1、反×1	
後袋身上貼邊	32.5×5cm	1	
裡袋身上貼邊	32.5×5cm	2	
後袋身口袋表布	版型N1	1	
後袋身口袋裡上貼邊	版型N2	1	
袋蓋（裡）	版型J2	1	單膠棉（如版型標示位置）
水洗八號帆布黃色（配色布）			
前表袋身配色布	7.5×21cm	1	
袋蓋配色布	7.5×24.5cm	1	
裡布（棉布）			
後袋身口袋裡布	版型N3	1	
夾層口袋拉鍊裡布	版型M	2	
裡袋身	版型L	2	厚布襯（不含縫份）
內口袋	依喜好製作		
薄的合成皮條（厚度約0.8mm）			
斜布條出芽布（2）	2.5×105cm	1	袋身出芽用
斜布條出芽布（3）	2.5×65cm	1	袋蓋出芽用
EVA軟墊（厚度約2mm）			
後表袋身夾層	版型O	1	

※若使用其它素材，燙襯需求請依喜好斟酌調整。

※版型為實版，縫份請外加。數字尺寸已內含縫份0.7cm，後方數字為直布紋。

▼ 製作前表袋身

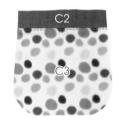

▼ 製作後表袋身

A 手提、肩背款

01 前表袋身（A）與配色布相車合，縫份倒向兩側，正面沿邊壓線。

02 後表袋身口袋裡上貼邊（C2）與後口袋裡布（C3）相車合，縫份倒向裡布並沿邊壓線。

▼ 製作側身袋底出芽滾邊

03 口袋表布（C1）與前一步驟正面相對車合，於直線處預留返口，縫份修小並剪牙口。翻回正面，於袋口沿邊壓線。

04 口袋車縫U型邊固定於後表袋身距袋底5cm置中的位置，並於兩側上方安裝加強固定用的鉚釘。

05 取出芽布（I）前端先拗折1cm，再將塑膠條❶疏縫包覆其中，起始點約預留3cm，尾端預留約8cm不車縫，完成出芽條。

▼ 製作提把

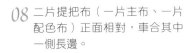

06 出芽條疏縫於側身袋底布（G）上，頭尾兩端的連接處，預留於側身袋底（G）中心直線位置，遇轉角圓弧處請剪牙口。

07 **出芽條連接**：將出芽條尾端包覆於起始的拗折內，將多餘的塑膠條剪掉（尾端與起始點的出芽布重疊約1cm），即完成側身袋底的出芽滾邊。

08 二片提把布（一片主布、一片配色布）正面相對，車合其中一側長邊。

▼ 組合表袋身

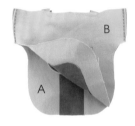

09 翻到正面，將另一側長邊縫份向內拗折，於兩側沿邊壓線。共完成二條。

10 將提把兩端分別車縫固定於前表袋身距中心點6.5cm位置。另一條提把依同作法固定於後表袋身。

11 接合前、後表袋身的兩側，並將縫份燙開。

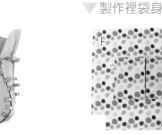

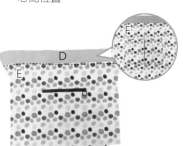

12 將側身袋底（G）四邊做出中心點位置。

13 與表袋身的中心點確實相對好，再車縫組合。

14 依喜好與需求製作前、後裡袋身的內口袋，共二片。

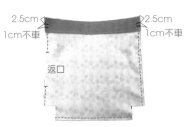

2.5cm　2.5cm
1cm不車　1cm不車
返口

15 前、後裡袋身，分別與前、後裡袋上貼邊車縫組合，縫份倒向裡布並沿邊壓線，共二片。

16 前、後裡袋身正面相對接合側邊與袋底，如圖標示位置於上方距袋口2.5cm開始預留1cm不車縫（預留束繩穿入孔），另一側亦同。並於其中一側預留返口。

17 將兩側邊與袋底縫份燙開，並打上底角。

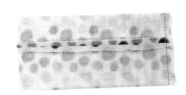

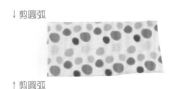

↓剪圓弧
↑剪圓弧

18 底板布對摺車縫，將縫份置中燙開後，再車縫其中一側。

19 翻回正面置入PE板（四角請修圓弧），開口處縫份折入再以藏針縫縫合。完成活動底板。

20 表袋與裡袋正面相對，於袋口處對齊，車合。※注意前表袋身與前裡袋身相對，後表袋身與後裡袋身相對。

中心
6cm 6cm

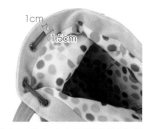

1cm
1.5cm

21 由返口翻回正面，於袋口沿邊壓線。

22 依圖示位置分別於距前表袋身中心點左右每間隔6cm位置安裝雞眼釦，共安裝6組。

23 將束口帶由中心位置分別依序套入兩側雞眼釦中，尾端穿入裡布預留的穿入孔約1.5～2cm，再於1cm處以鉚釘固定。

25 縫合裡袋返口並置入活動底板；利用束套與束口帶，將前袋口兩側預留的鬆份稍微的向中心拉緊（前、後袋身袋口寬度對稱即可），讓袋口呈現出自然的袋口抓縐造型，即完成。

24 裡袋身貼邊中心位置縫上皮鈕。

▼ 製作袋蓋

B 肩背、斜背款

1cm

01 二片袋蓋布（J1）分別與袋蓋配色布相車合，縫份倒向兩側，並沿邊壓線。

02 取出芽布（3）將塑膠條❸包覆其中，前端預留1cm向內拗折成45°。

2.5cm

J2
J1

03 斜角對齊距布邊2.5cm處，開始車縫固定於袋蓋表布上（轉彎處剪牙口），多餘的塑膠條請剪掉。完成袋蓋出芽滾邊。

04 再與袋蓋裡布（J2）正面相對車縫U型邊。

05 翻回正面，將上方疏縫固定，於袋蓋標示位置上安裝造型轉鎖母鈕。

▼ 製作側身袋底出芽滾邊

▼ 製作前袋身

H   H

06 取出芽布（2）與塑膠條❷，請參考A.手提、肩背款步驟5～7，完成側身袋底出芽滾邊。

07 前表袋身依摺子記號處先疏縫固定，共二片。

08 分別與表袋身配色布相接合，縫份倒向兩側，並沿邊壓線。

▼ 製作後袋身

09 口袋貼邊（N2）與口袋裡布（N3）相接合，縫份倒向裡布，沿邊壓線。

10 再與口袋表布（N1）正面相對車合，袋底直線處留返口，並將縫份修小與剪牙口。翻回正面於袋口壓線。

11 將口袋固定於後表袋身距袋底3cm置中位置，並於兩側上方安裝加強固定用的鉚釘。

▼ 組合表袋身

12 將步驟5的袋蓋置中疏縫固定於後表袋身（I）上方。

13 再與後表袋身上貼邊接合，縫份倒向後表袋身（I）沿邊壓線。完成後表袋身。

14 前、後表袋身先接合側邊，並將縫份燙開。

▼ 製作裡袋身

15 再與側身袋底車縫組合，請參考A.手提、肩背款步驟12～13完成表袋身接合。

16 裡袋身與裡上貼邊車縫組合，縫份倒向裡袋身沿邊壓線，另一片亦同。（可依喜好與需求自行製作內口袋）

17 取一片前一步驟完成的裡袋身與夾層口袋拉鍊布（M）正面相對，夾車20cm拉鍊。

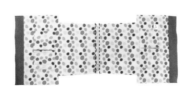

18 翻回正面沿拉鍊邊壓線。

19 取另一片裡袋身與夾層口袋拉鍊布（M），依步驟17～18夾車另一側拉鍊並壓線。

20 接合夾層口袋拉鍊裡布的袋底，並預留返口。

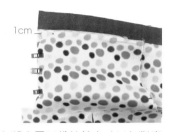

21 拉鍊布表、裡布（共4片）先疏縫固定至牙口記號位置前0.1cm處止，再依版型記號位置於兩側各剪一道牙口。

22 將夾層口袋拉鍊布（M）對齊裡袋身貼邊下1cm的位置，先疏縫固定於其中一側裡袋身。

23 再將前、後裡袋身側邊正面相對夾車拉鍊布（M）至尾端0.7cm不車。

▼ 組合表、裡袋身

24 袋底打底角：分別於中間接縫處的左右兩側打上底角。

25 另一側亦同，完成裡袋身。
※夾層拉鍊口袋寬度比裡袋身略小一點，車縫好會稍微往內凹為正常。

26 表袋身與裡袋身正面相對套合，袋口車縫一圈固定（如強力夾處）。

27 翻回正面於袋口壓線一圈，並於對應位置（約距袋口10cm處）安裝造型轉鎖底座。

28 於兩側安裝皮革掛耳，並取EVA軟墊依版型O（實版）裁剪後，由夾層拉鍊口袋的返口，置入後袋身表、裡布之中（袋身輔助支撐用），接著將PE底板置入袋底的位置後，縫合返口。

29 勾上背帶即完成。

其樂融融
·親子篇·

Part 2

元氣飯糰。後背包

一起出遊去吧！以三角飯糰做為發想，將雙手空出來，大手拉小手，全家一起出遊的可愛親子後背包，除了外型活潑逗趣外，並針對大人與小孩的需求而有不一樣的口袋設計，特別在後方加上透氣的網布材質，讓後背時更增添舒適度喔！

也可手提使用，隨性休閒。

袋口弧度和翻領效果的設計。

【完成尺寸】
A.小童款：寬28cm×高23cm×底寬8.5cm
B.大人款：寬35cm×高31cm×底寬12cm

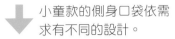
小童款的側身口袋依需求有不同的設計。

包款後方的側邊有隱密式的拉鍊口袋。

側身有底部拉摺的立體口袋。

Materials

Ⓐ 小童款：

【用布量】

表布：日本八號水洗帆布約1尺、圖案布35×40cm一片。

裡布：肯尼布90×60cm一片、網布：30×30cm一片（內口袋用）、
三明治透氣網布：27×27cm一片。

【配件】

4吋定吋拉鍊×1條、30.5cm 5V雙頭碼裝拉鍊×1條、皮片磁釦×2組、2.5cm織帶（18cm×2條＋
75cm×2條＋6cm×2條）、2.5cm口型環×2個、2.5cm日型環×2個、襯棉（3.5×25.5cm×2條）、
2.2cm人字帶（網布口袋包邊用）27cm×2條、EVA軟墊（厚度約2mm）50×30cm一片、鉚釘數組。

【裁布與燙襯】

紙型 Ⓒ 面

部位名稱	尺寸	數量	燙襯／其它
表布（日本八號水洗帆布）			
袋身（表）	版型A	2	厚布襯（不含縫份）
拉鍊口布前片	版型B1	1	
拉鍊口布後片	版型B2	1	
表側身	10×15.5cm	2	
側身立體口袋布（表）	14×17.5cm	2	
拉鍊擋布（表）	3×4cm	2	
表袋底	10×24.5cm	1	
表布（圖案布）			
前袋身雙層口袋布a	14.5×27.5cm	1	洋裁襯
袋底配色布	10×14.5cm	1	
拉鍊袋口配色布c	35×6cm	1	
背帶布	7.5×27cm	2	
裡布（肯尼布）			
袋身（裡）	版型A	2	
拉鍊口布前片	版型B1	1	
拉鍊口布後片	版型B2	1	
前袋身拉鍊口袋裡布b	12.5×22cm	1	
側身立體口袋布（裡）	14×13.5cm	2	
拉鍊擋布（裡）	3×4cm	2	
裡側身	10×52.5cm	1	
網布			
內口袋布	26.5×15cm	2	
EVA軟墊（厚度約2mm）			
前、後袋身夾層	版型A	2	依實版往內修小約0.5cm

※若使用其它素材，燙襯需求請依喜好斟酌調整。

※版型為實版，縫份請外加。數字尺寸已內含縫份0.7cm，後方數字為直布紋。

Materials

B 大人款：

【用布量】

表布：日本八號水洗帆布約2尺、圖案布約60×60cm一片。

裡布：肯尼布約140×65cm一片、網布：35×40cm（內口袋用）
一片、三明治透氣網布：35×40cm一片。

【配件】

5吋定吋拉鍊×2條、42.5cm 5V雙頭碼裝拉鍊×1條、造型插鎖×2組、2.5cm織帶（22cm＋20cm＋95cm×2條＋6cm×2條）、2.5cm口型環×2個、2.5cm日型環×2個、襯棉（3.8×43cm×2條）、2.2cm人字帶（網布口袋包邊用）34cm×2條、EVA軟墊（厚度約2mm）約80×50cm一片、鉚釘數組。

【裁布與燙襯】

部位名稱	尺寸	數量	燙襯／其它
表布（日本八號水洗帆布）			
袋身（表）	版型C	2	前：厚布襯（不含縫份）×1 後：厚布襯（不含縫份）×1 ※後袋身單側拉鍊框位置不貼襯
拉鍊口布前片	版型D1	1	
拉鍊口布後片	版型D2	1	
表側身	13.5×18cm	2	
側身立體口袋布（表）	18.5×19.5cm	2	
拉鍊襠布（表）	3×5.5cm	2	
側身立體口袋袋蓋（表）	版型E	2	
表袋底	13.5×29.5cm	1	
表布（圖案布）			
前袋身雙層口袋布d	17×34.5cm	1	洋裁襯
袋底配色布	13.5×17cm	1	
拉鍊袋口配色布f	53×7cm	1	
側身立體口袋袋蓋配色布	5×11cm	2	
襠布	版型F	2	
背帶布	8×45cm	2	

Materials

部位名稱	尺寸	數量	燙襯／其它
裡布（肯尼布）			
裡袋身	版型C	2	
拉鍊口布前片	版型D1	1	
拉鍊口布後片	版型D2	1	
前袋身拉鍊口袋裡布e	15×30cm	1	
側身立體口袋布（裡）	18.5×15.5cm	2	
拉鍊檔布（裡）	3×5.5cm	2	
裡側身	13.5×62.5cm	1	
側身立體口袋袋蓋（裡）	版型E	2	
後袋身拉鍊口袋布	版型G	1	
活動底板布	24×29cm	1	
底板夾層布	13.5×32cm	1	
網布			
內口袋布	34×20cm	2	
EVA軟墊（厚度約2mm）			
前、後袋身夾層	版型C	2	依實版往內修小約0.5cm
活動底板	26.5×10.5cm	1	

※若使用其它素材，燙襯需求請依喜好斟酌調整。

※版型為實版，縫份請外加。數字尺寸已內含縫份
　0.7cm，後方數字為直布紋。

How To Make

▼製作前袋身雙層口袋

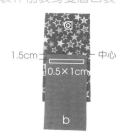

1.5cm ┤├ 中心
0.5×1cm

01 前袋身雙層口袋布a正面朝上，拉鍊口袋裡布b置於中心位置（正面相對），在中心點下方1.5cm，畫出10.5×1cm的方框，車縫固定。

02 於方框內畫一個雙頭Y字線，並沿線剪開。

03 縫份倒向裡布，沿兩長邊距0.2cm壓線。

04 拉鍊口袋裡布b翻到方框後方，再將拉鍊置於方框中，先車縫方框下緣。

05 再將拉鍊口袋裡布向上拗折與拉鍊同高後，正面車縫方框的ㄇ型邊。

06 車縫拉鍊口袋裡布兩側邊，完成拉鍊口袋。

07 將口袋布a（正面相對）對折，車縫兩側邊（如強力夾處）。

08 翻回正面並於上方沿邊壓線。

▼製作拉鍊袋口

30.5cm

09 如圖置中固定於表袋身下緣並車縫三邊固定。再於袋口兩側上方，各安裝一顆加強固定用的鉚釘，完成前表袋身。

10 拉鍊檔布（表、裡正面相對）夾車30.5cm 5V雙頭碼裝拉鍊兩端，翻回正面並沿邊壓線；另一端亦同。

11 拉鍊口布（前片）B1表、裡正面相對夾車拉鍊。翻回正面沿邊壓線。

12 將拉鍊袋口配色布c短邊對折，
   於長邊壓線。

13 再將拉鍊袋口配色布c置中疏縫
   固定在拉鍊布的另一側。

14 取拉鍊口布B2表、裡布正面相
   對夾車有配色布c的那一側拉
   鍊，翻回正面沿邊壓線。疏縫
   兩側並將多餘的襠布修掉，即
   完成拉鍊袋口。

▼ 製作側身立體口袋

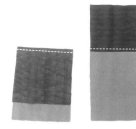

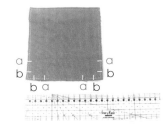

15 將立體口袋表、裡布相接合，
   縫份倒向裡布，並沿邊壓線。

16 將口袋布對摺後，於上方袋口
   沿邊壓線。

17 疏縫口袋布U型邊後，分別於袋
   底與兩側，距布邊1.5cm（記
   號b）與3.5cm（記號a）的位
   置，做出記號位置。

18 先將兩側的記號a往→b摺，並
   車縫固定。

19 再分別將袋底兩端的記號a往
   →b摺，並車縫固定。

20 將壓摺好的立體口袋布，固定
   於表側身。另一片亦同，共完
   成二片。

▼ 製作袋底   ▼ 組合側身

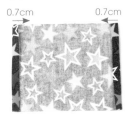

0.7cm   0.7cm

↓上下疏縫

←車縫

21 袋底配色布兩側向內拗折
   0.7cm並整燙定型。

22 置中車縫兩側固定於表袋底，
   並於上下兩邊疏縫固定。

23 將步驟20完成的立體口袋側
   身，分別與表袋底相接合，縫
   份倒向袋底，沿邊壓線，完成
   表側身。

24 於袋口中心對應位置，安裝皮片磁釦，共兩側。

25 表側身與裡側身（正面相對）夾車步驟14的拉鍊袋口，縫份倒向側身，沿邊壓線，並疏縫固定側身表、裡布，形成一個圈。（如強力夾處）

▼製作裡袋身

26 網布口袋布上方以人字帶包覆並車縫。

27 再與裡袋身疏縫固定後，依裡袋身尺寸將多餘的網布修掉。共完成二片。

▼製作後背帶

襯棉

28 背帶布兩長邊向中央內折，車縫其中一側短邊。翻回正面，塞入襯棉。

未接合短邊↑

29 將織帶與背帶布的開口相對，並由未接合的短邊開始車縫固定，織帶尾端穿過日型環。另一條亦同。

▼製作後袋身

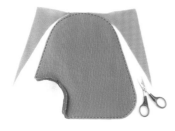

30 將三明治透氣網布置於後袋身上方，並沿邊疏縫固定後，依後袋身尺寸將多餘的透氣網布修掉。

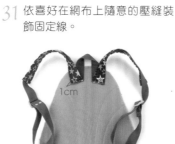

31 依喜好在網布上隨意的壓縫裝飾固定線。

32 取6cm織帶套入口型環後對折，車縫固定在後表袋身指定位置上。

3.5cm
2cm 持出1cm

33 在後袋身網布上方距3.5cm記號處，距中心點左右各1cm位置，持出約1cm車縫固定18cm的織帶提把。

1cm

34 取一條長背帶，背帶布內側對齊織帶提把，外側向下斜出約1cm（如圖）車縫固定。並將已穿好日型環的長背帶，先穿過袋底的口型環，並接著穿回日型環，並以鉚釘固定尾端，共二條，完成調整式背帶。

35 再將18cm裝飾織帶自3.5cm記號開始，沿邊車縫固定上去。並將多餘的織帶修掉，完成後表袋身。

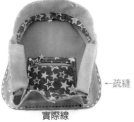

←疏縫

實際線

36 前表袋身分別與側身的中心、止點位置相對,沿袋身疏縫一圈固定(預定返口處請車縫實際線),轉彎圓弧處剪牙口。※請特別注意拉鍊口布的方向,接合的應為前片B1。

返口

37 再取一片裡布與步驟36夾車,返口處不車縫。由返口翻回正面前,先將縫份修小。

← EVA ↑

38 由返口翻回正面後,重複步驟36~37完成另一側袋身。取EVA軟墊依版型A實版再往內修小0.5cm,分別由2個返口處將EVA軟墊置入後,返口以藏針縫縫合。

▼製作前袋身雙層口袋

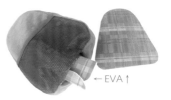

1.5cm→ 中心

01 前袋身雙層口袋布d正面朝上,拉鍊口袋裡布e置於中心位置(正面相對),於中心點下方1.5cm,畫出13×1cm的方框並車縫固定。

39 翻回正面,將拉鍊袋口配色布向後翻折,形成一個小翻領,即完成。

B 大人款

02 參考小童款步驟2~9完成前袋身雙層口袋。

▼製作拉鍊袋口

D2
D1

03 取拉鍊口布D1和D2、拉鍊袋口配色布f、42.5cm 5V雙頭碼裝拉鍊,參考小童款步驟10~14完成拉鍊袋口。

▼製作側身立體口袋

04 參考小童款步驟15~16,將立體口袋表、裡布相合,縫份倒向裡布,沿邊壓線。再將口袋布對折,於上方沿邊壓線。

a
b
b a   a b

05 疏縫U型邊(中間預留一段不車,安裝造型插鎖用),並將口袋布分別於袋底與兩側,距布邊1.5cm(b)與4cm(a)的位置,做出記號。

a
↓
b

06 先將兩側的記號a往→b摺,並車縫固定。

b←a   a→b

07 再分別將袋底兩端的記號a往→b摺,並車縫固定。

08 於兩側車縫3cm的山線。

09 將壓摺好的立體口袋布，安裝造型插鎖底座（位置僅供參考，請依實際使用素材調整對應位置），車縫U型邊固定於表側身。

10 側身立體口袋袋蓋配色布，兩側各向中心內折1cm，整燙備用。共二片。

11 將配色布兩側車縫固定於立體口袋袋蓋表布中心位置。

12 再與袋蓋裡布（正面相對）車縫，並於直線處預留返口。翻回正面前，請剪牙口並將縫份修小。

13 縫合返口，並如圖於袋蓋車縫裝飾線。

▼組合袋底與側身

14 將袋蓋固定於與袋口平行的置中位置，並以鉚釘固定（亦可改以車縫雙線固定）。另一片亦同，共完成2個。

15 請參考小童款步驟21～22完成袋底。

16 將步驟14完成的立體口袋側身，分別與表袋底相接合，縫份倒向袋底，沿邊壓線，另一片亦同。完成表側身。

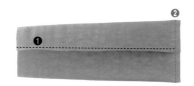

17 底板布短邊對折車縫長邊❶，將接合處置中後車合一側❷。

18 翻回正面置入EVA軟墊後，返口以藏針縫縫合。

19 夾層布長邊對折車縫短邊。

▼ 製作裡袋與後背帶

20 翻回正面將車縫接合處置中後，左右兩側壓線，並疏縫固定於裡側身中央。

21 表側身與裡側身正面相對夾車步驟3的拉鍊袋口，縫份倒向側身，沿邊壓線，並疏縫固定側身表、裡布，形成一個圈。

22 網布口袋布上方以人字帶包覆並車縫固定，再與裡袋身疏縫後，依裡袋身尺寸將多餘的網布修掉。共完成二片。（可自行設計製作）

▼ 製作後袋身

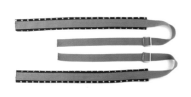

23 取95cm織帶2條，參考小童款步驟28～29完成後背帶。

24 後表袋身預定拉鍊框位置（單側）不貼厚布襯。

25 再將三明治透氣網布置於後袋身正上方，並沿邊疏縫固定後，依後袋身尺寸將多餘的透氣網布修掉。

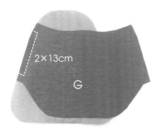

2×13cm

G

剪牙口

剪牙口

26 再依喜好在透氣網布上隨意的壓縫裝飾固定線。

27 取後袋身拉鍊口袋布（G）依版型位置與後袋身（透氣網布）正面相對，畫出2×13cm的方框，並沿方框車縫固定。

28 方框邊內各留0.5cm，其餘修剪如圖，並在轉角處剪牙口。

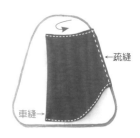

←疏縫

車縫→

29 縫份倒向拉鍊布，於長邊沿邊壓線。

30 將拉鍊布翻到正面，整理好後，拉鍊使用水溶性膠帶固定，並車縫三邊。

31 將拉鍊布翻摺對齊拉鍊邊上緣後，疏縫一道固定線，並車合口袋布兩側。

32 取6cm織帶套入口型環後對摺，車縫在襠片（F）距正面中心線0.5cm位置。

33 襠片正面相對，對摺中心線後車縫。翻回正面壓線，斜角順修，完成2片。

34 將襠布固定於後表袋身距袋底3.5cm的位置。

▼ 組合袋身

 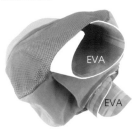 

35 請參考步驟小童款33～35完成提把與可調式背帶，固定於後表袋上。

36 參考小童款步驟36～38完成組合，並將EVA軟墊置入後，縫合返口。

37 翻回正面，於立體口袋的袋蓋上安裝造型插鎖的鎖頭。

38 置入活動底板，將拉鍊袋口配色布向後翻折，形成一個小翻領，即完成。

幸福時光。後背包

運用 2-3 種色彩的素色布，也能搭配出亮眼吸睛的包款。外觀上有 4 種口袋的設計，讓整體變化更豐富，不僅實用度提升，也能學習到不同口袋的製作方法。全家一起出遊，度過溫馨又美好的幸福時光吧！

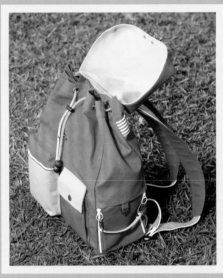

側身雙拉鍊開啟更快速，隔層可放置相機，拿取更方便。

開口為束口設計，形成自然皺褶。

前袋身兩種立體口袋設計，加上色彩的
搭配，讓外觀上有不同巧思與變化。

背面為可調式背帶。

【完成尺寸】
A.大人款：寬33cm×高42cm×底寬14cm
B.兒童款：寬25cm×高32cm×底寬10cm

Materials

A 大人包款：

紙型 **C** 面

【用布量】

表布：（含配色布）共需4尺，裡布4尺。

【配件】

拉鍊（40cm×1條、18cm×1條、13cm×2條）、雞眼（7mm×6個、17mm×12個）、棉繩（3mm×30cm×1條，5mm×90cm×1條）、撞釘磁釦×1組、造型鎖×1組、書包扣×1組、木珠×2顆、束口扣×2個、1¹/₂吋方型環×2個、1¹/₂吋日型環×2個、1¹/₂吋織帶10尺、1cm寬×15cm長皮片＋鋅鉤×2個＋5mm鉚釘×2個、厚膠片12.5×31.5cm「夾層」×1片、厚膠片12.5×29.5cm「底板」×1片、EVA軟墊寬11cm×長12cm×1片、8mm鉚釘×4個（織帶背帶用）。

【裁布】選用8號帆布來設計製作，示範作品表布與裡布皆不燙襯。

部位名稱	尺寸	數量
表布		
袋蓋	版型	2
前袋身	版型	1
後袋身	版型	1
側身	版型A、B、C	各1
袋口剪接布	10×97.5cm	1
背帶布	11×55cm	2
表側身束口袋布	版型	1
活摺口袋蓋	版型	1
表活摺口袋布	版型	1
立體口袋上片	版型	1
立體口袋下片	版型	1
書包釦布	寬3×長5cm	1
吊環布	寬8×長7cm	2
裡布		
袋身上片	版型	2
袋身下片	版型	2
側身	版型A、B、C	各1
夾層布	14.5×33.5cm	2
底板布	27.5×31.5cm	1
裡活摺口袋布	版型	1
立體口袋上片	版型	1
立體口袋下片	版型	1
裡側身束口袋布	版型	1
拉鍊尾布	寬5×長7cm	1

※版型為實版，縫份請外加。數字尺寸已內含縫份0.7cm。

Materials

B 兒童包款：

【用布量】

表布：（含配色布）共需3尺，裡布3尺。

【配件】

拉鍊（30cm×1條、13cm×1條、10cm×2條）、雞眼（7mm×6個、17mm×12個）、棉繩（3mm×25cm×1條、5mm×70cm×1條）、撞釘磁釦×1組、造型鎖×1組、書包扣×1組、木珠×2顆、束口扣×2個、1吋方型環×2個、1吋日型環×2個、1吋織帶8尺、厚膠片（夾層用8.5×23.5cm×1片、底板用8.5×21.5cm×1片）、EVA軟墊寬7cm×長10cm×1片、8mm鉚釘×2個（織帶背帶用）。

【裁布】選用8號帆布來設計製作，示範作品表布與裡布皆不燙襯。　　紙型 **C** 面

部位名稱	尺寸	數量
表布		
袋蓋	版型	2
前袋身	版型	1
後袋身	版型	1
側身	版型A、B、C	各1
袋口剪接布	7.5×74.5cm	1
吊環布	寬5×長6cm	2
表側身束口袋布	版型	1
活摺口袋蓋	版型	1
表活摺口袋布	版型	1
立體口袋上片	版型	1
立體口袋下片	版型	1
書包扣布	3×5cm	1
裡布		
袋身上片	版型	2
袋身下片	版型	2
側身	版型A、B、C	各1
夾層布	10.5×25.5cm	2
底板布	19.5×23.5cm	1
裡活摺口袋布	版型	1
立體口袋上片	版型	1
立體口袋下片	版型	1
裡側身束口袋布	版型	1
拉鍊尾布	寬5×長7cm	1

※版型為實版，縫份請外加。數字尺寸已內含縫份0.7cm。

How To Make

※大後背包與小後背包製
作方式相同，製作步驟圖
會標示大包與小包製作時
不同的地方。

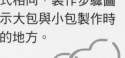

▼ 製作左前立體口袋

↑折45度   折45度↑

01 取表立體口袋上片，拉鍊頭尾
布折45度，固定在表上片。
※大包用18cm拉鍊；小包用
13cm拉鍊。

02 再取裡布夾車拉鍊。

返口5cm

03 車縫表裡底角，共四處。

04 將表裡正面相對，縫份錯開，
車縫固定，留一段返口，直角
兩側縫份修剪。

05 翻至正面返口藏針縫合，再沿
拉鍊邊車縫臨邊壓線。

表

裡

返口 5cm

06 拉鍊另一邊與表立體口袋下片
固定後（拉鍊頭尾一樣要折
起）跟裡布夾車。

07 分別車縫好表布與裡布的底角。

08 將表裡布正面相對，底角縫份
錯開，車縫ㄩ型，一側需留返
口，並修剪兩側轉角縫份。

▼ 製作右前活摺口袋

返
口
4cm

09 翻至正面，返口藏針縫合，車
縫拉鍊臨邊線後，整燙備用。

10 取活摺口袋蓋，對摺車縫後，
縫份燙開，將車縫線折至1/3的
位置，車縫兩側，需留返口。

11 翻至正面，返口藏針縫合，正
面車縫0.7cmㄩ型裝飾線。

12 取活摺口袋布，表布與裡布正
面相對，上方對齊車縫一道。

13 翻至正面，縫份倒向裡布，車
縫臨邊線。

14 再將口袋對折車縫兩側。

15 翻至正面，袋口處車縫0.7cm
裝飾線，再用水消筆畫出山谷
線記號位置。

16 依記號線對折，正面沿邊車縫
0.2cm壓線。

17 背面車縫0.2cm壓線。

▼製作前袋身外口袋

18 取左前立體口袋依前袋身標示
位置對齊擺放，先疏縫固定。

19 再沿邊車縫臨邊線一圈，完成
左前口袋。

20 再取右前活摺口袋依標示位置
擺放好，車縫臨邊線固定。

▼製作側身束口袋

21 袋蓋也依標示位置擺放並車縫
固定，安裝上磁釦。

22 取表裡束口袋布，正面相對上
方車縫。

23 翻至正面，縫份倒向裡布，車
縫臨邊線。

24 車縫四個底角，不要車縫到縫份處。

25 再將束口袋布正面相對，車縫袋底位置。

26 束口袋布由側面翻至正面示意圖。

2.5

27 袋口往下2.5cm（兒童包2cm）車縫裝飾線，並畫出雞眼位置，兩側車縫固定線。

28 釘好雞眼，穿入棉繩跟束口扣，棉繩車縫固定在口袋兩側邊。

29 將完成束口袋依側身A標示位置擺放，先車縫袋底，再車縫口袋兩側固定。

▼ 製作側身雙拉鍊袋

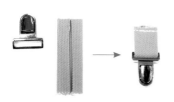

30 取書包扣布，兩長邊往中心摺燙。再套上書包扣，對折車縫固定。

C

31 將書包扣正面朝下，擺放至表側身C中心位置，扣布凸出一些，車縫固定。

32 取裡側身C正面相對，車縫有放置書包釦的那一邊。

33 翻至正面，縫份倒向裡布，車縫臨邊線。

←疏縫

↑車縫

34 表側身與裡布三邊疏縫固定，書包釦位置車縫0.7cm裝飾線。

←折45度

+

35 表側身B兩邊固定拉鍊，起頭拉鍊布折45度。並做出書包扣位置。※父母親款使用13cm拉鍊，兒童款10cm拉鍊。

36 再與裡布組合，車縫∩型，上側兩角縫份修剪。

37 翻至正面，車縫∩型臨邊線固定。

↑EVA

38 放入EVA軟墊。大人款寬11×長12cm一片；兒童款寬7×長10cm一片。

39 再依紙型標示位置裝入書包扣下扣。

▼製作底板

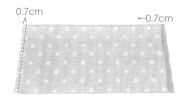

0.7cm
←0.7cm

40 取底板布對折，一側縫份折燙0.7cm，一側車縫。

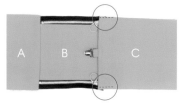

41 底板布翻至正面，固定在側身的袋底位置。

42 表裡側身A夾車側身B下方。

↓疏縫

車縫→

43 翻至正面壓臨邊線，再將上下疏縫固定。

A B C

44 側身C用書包扣對扣，拉鍊位置也疏縫固定，側身完成備用。

▼製作袋蓋

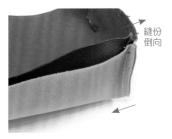

45 取袋蓋布，前拉角車縫，後拉角車縫至縫份止點，完成兩片。

縫份倒向

46 將兩片袋蓋正面相對，縫份錯開。

止點
止點

47 再依圖示車縫固定。

48 翻至正面整燙，內袋蓋比表袋蓋多一點，有假出芽的效果。

49 表袋蓋車縫0.2cm臨邊線。

▼製作背帶

50 取扣環布兩邊往中心折燙，穿過方型環對折疏縫固定，共2組。

51 取背帶布兩邊往中心折，一端車縫好，再翻出角度燙平。
※兒童款直接使用織帶即可。

52 將織帶置中在背帶布上，車縫織帶臨邊線固定，共2條。
※織帶長約110cm×2條；兒童後背織帶約90cm×2條。

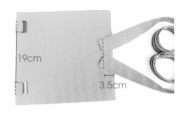

19cm
3.5cm

53 取後袋身依標示位置固定扣環布與背帶。※兒童款上方間距3.5cm，下方間距14cm。

3cm

54 再車縫約36cm織帶在背帶上，由上往下約3cm。※兒童款28cm織帶，上方間距3cm。

16cm

55 剪一段織帶約30cm，對折車縫中間16cm長度當持手。※兒童款持手23cm，持手不用對折車縫。

3 3

56 將織帶持手固定在後袋身中心往左右各3cm處。※兒童款左右各2.5cm。

▼製作裡袋身與夾層

57 取裡袋身上下片，依個人需求製作口袋。

0.5cm

58 取拉鍊尾布與拉鍊尾端正面相對車縫。

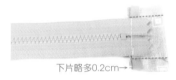

下片略多0.2cm→

59 依圖示反折好車縫尾布兩側。

 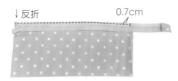 

60 翻至正面，返口藏針縫合。

61 再將拉鍊固定在夾層布上，拉鍊頭布反折，車縫至夾層布內折0.7cm處。

62 取另一片夾層布夾車拉鍊，同一邊縫份內折0.7cm。

63 翻至正面，車縫臨邊線，留開口位置，要放膠板。

64 裡袋身上下片夾車夾層布。

65 夾車後翻至正面，縫份倒向上片，車縫臨邊線。

 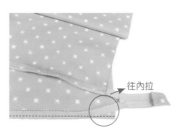 

66 另一邊拉鍊依對齊位置固定在裡袋身下片，拉鍊頭布需反折。

67 尾部的固定方式，結尾處將拉鍊往內拉。

68 再與上片組合後，縫份倒向上片，正面車縫臨邊線固定。

▼接合表裡袋身

69 將車縫好的側身與表前袋身對齊組合。

70 再取裡袋身對齊車縫U型。

71 車縫好，翻至正面示意圖。

72 背面示意圖。

73 另一側同作法69、70接合完成。

74 車縫好,翻至正面的後袋身示意圖。

▼接合袋蓋與裝上配件

75 將袋蓋固定在後袋身位置,以中心為準疏縫。

76 先取袋口剪接布對折燙,一邊折燙0.7cm,頭尾接成一圈❶。再車縫至已完成的袋身袋口處一圈❷。

77 袋口剪接布折好車縫上下裝飾線一圈,並標示出雞眼位置。※兒童款中心往左右各3cm,每間距4.5cm畫記號。

78 安裝好雞眼與穿入棉繩,中心打上撞釘磁釦(兒童款不用),棉繩穿入束口扣和木珠固定。

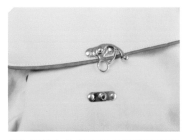
79 袋蓋中心處和袋身對應位置分別鎖上造型鎖。

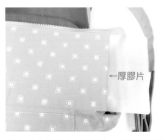
80 夾層放入厚膠片,袋底底板布也放入厚膠片,開口藏針縫合。

81 織帶依圖示穿法,結尾處用鉚釘固定,製作成可調式背帶。

82 大人款側身裝上皮扣帶裝飾,兒童款不用。

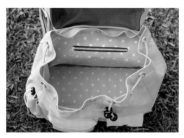
83 裡袋身夾層可將內部分為上、下隔層,整理好袋型即完成。

獨領風騷
•個人篇•

Part 3

都會甜心。微笑包

特殊的立體袋底，負重後呈現出自然垂墜的圓弧曲線，恰似漾出一抹甜甜的微笑。金屬連接釦與皮飾條的完美搭配，簡單、大方有設計感，展現出包款既時尚又優雅的特性。

小包用皮鏈式斜背帶，有型又時尚。

Classy

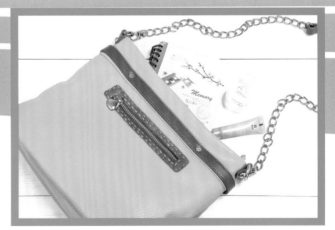

【完成尺寸】
A.肩背款：寬43.5cm×高29cm（不含提把）×底寬6～12cm
B.斜背款：寬30cm×高20.5cm×底寬5～10cm

小斜背包可放進大肩背包內。

打摺袋底的設計效果。

用素色帆布製作，會有
不同的質感與風格。

Materials

Ⓐ肩背款：

【用布量】
表布：仿皮革（幅寬140cm）約2尺。
裡布：肯尼布（幅寬140cm）約2尺（視內口袋多寡）。

【配件】
提把×1組、1.5cm皮條約81.5cm、造型連接釦×1組、蘑菇釦×2組、鉚釘×2組、插式磁釦×1組。

【裁布】

 紙型 Ⓑ 面

部位名稱	尺寸	數量
表布（仿皮革）		
表袋身上貼邊	版型A1	2
表袋身	版型A2	2
裡袋身上貼邊	版型B1	2
袋底	13.5×44.5cm	1
裡布（肯尼布）		
裡袋身	版型B2	2
內口袋	依喜好製作	

※本件示範作品使用仿皮革與肯尼布，均不燙襯，若使用其它素材，燙襯需求請依喜好斟酌調整。

※版型為實版，縫份請外加。數字尺寸已內含縫份0.7cm，後方數字為直布紋。

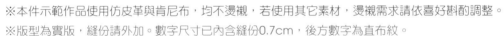

Materials

Ⓑ 斜背款：

【用布量】

表布：仿皮革（幅寬140cm）約1尺。

裡布：肯尼布（幅寬140cm）約1尺（視內口袋多寡）。

【配件】

24.5cm 5V金屬碼裝拉鍊×1條、12cm 5V金屬碼裝拉鍊×1條、D環掛耳×2組、14.5×2.5cm仿皮革拉鍊框（內徑12×1cm）×1組、斜背帶×1組、拉鍊飾尾釦×1個、1.5cm皮條約59cm、造型連接扣×1組、蘑菇釦×2組、鉚釘×4組。

【裁布】

紙型 Ⓑ 面

部位名稱	尺寸	數量
表布（仿皮革）		
表袋身上貼邊	版型C1	2
前表袋身	版型C2	1
後表袋身	版型C3	1
裡袋身上貼邊	版型D1	2
袋底	11.5×31.5cm	1
裡布（肯尼布）		
裡袋身	版型D2	2
後袋身拉鍊口袋布	15×25cm	1
內口袋	依喜好製作	

※本件示範作品使用仿皮革與肯尼布，均不燙襯，若使用其它素材，燙襯需求請依喜好斟酌調整。

※版型為實版，縫份請外加。數字尺寸已內含縫份0.7cm，後方數字為直布紋。

▼製作表袋身

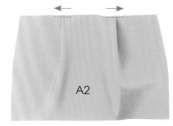

01 表袋身（A2）依褶子記號處打摺，並於上方疏縫固定。

02 表上貼邊（A1）與表袋身（A2）相接合。縫份倒向上貼邊，沿邊壓線。共完成2片。

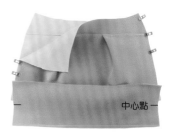

03 取一片表袋身與袋底正面相對車合（如強力夾處）。

04 另一片表袋身接合袋底另一側。

05 表袋身正面相對，於兩側袋底背面中心位置標出記號點。

06 中心記號點朝下，將袋底布向上對折包覆袋身如W型。

07 車合兩側邊（最底層的布共有6層）。

08 另一側亦同，完成表袋身。

▼製作裡袋身

09 裡上貼邊（B1）與裡袋身（B2）相車合，縫份倒向裡袋身，沿邊壓線。共完成二片。

10 依個人喜好與需求製作內口袋。※請於貼邊以下至止點以上的位置製作口袋。

11 將二片裡袋身的袋底相車合，並於中間預留返口。

 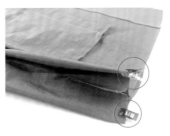 

12 畫出前、後裡袋身的止點位置。

13 抓出二個止點位置,並將袋底折入包覆於二個止點之間,並車合起來。

▼組合表裡袋身

14 另一側亦同,完成裡袋身。

15 表袋與裡袋正面相對,車縫袋口一圈(如強力夾處)。

16 縫份倒向裡貼邊,沿裡袋口壓線一圈。

▼安裝配件

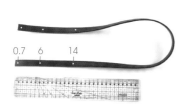  

17 取皮條約81.5cm,分別於距前後兩端0.7、6、14cm的位置上利用丸斬打洞(共6孔)。※以上尺寸位置僅提供參考,若使用其它五金素材,請依照實際尺寸做適當調整。

18 將皮條套入連接釦向後拗折,依兩端第1、2的孔洞位置,安裝上鉚釘固定連接釦。

19 將皮條置於表袋上貼邊的邊緣處,置中調整好後,於左右第3個孔洞位置安裝上蘑菇釦,與表、裡袋身相固定。

20 在適當的對應位置安裝上提把。

21 於裡袋口中心對應位置安裝插式磁釦,縫合返口就完成囉!

B 斜背款

▼製作前表袋身

C1

C2

01 同【肩背款】步驟1～2，完成前表袋。

▼製作後表袋身

12cm

02 取金屬碼裝拉鍊12cm，將拉鍊布的頭尾兩端縫合。（或安裝上、下止）請確認拉鍊的金屬部份不會超出拉鍊框的內框。

正面

背面

C3

03 將拉鍊置中於拉鍊口袋布（正面）下緣，下方沿邊車合固定。※若使用非仿皮革類的素材（如：帆布），步驟3～8請改以開一字拉鍊的方式製作。

04 將拉鍊口袋布往下翻，置於後表袋身預定的拉鍊框中（可使用水溶性膠帶固定），車縫方框的下緣。（仿皮革的拉鍊框，可直接依版型標示位置剪出來）

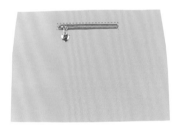

05 再將後方的口袋布向上翻折。

06 翻回正面，固定拉鍊方框的ㄇ型邊。

07 翻到背面車縫口袋布的兩側，完成口袋。

C1

C3

08 將裝飾皮框置於拉鍊框上方，依孔洞位置，以手縫的方式固定上去。（若無皮革拉鍊框，此步驟可省略）

09 後表上貼邊與後表袋身相車合，縫份倒向貼邊並沿邊壓線，即完成後表袋身。

10 將前、後表袋身分別與袋底相車合，同肩背款步驟3～8，完成表袋身。

▼製作裡袋身

11 於裡袋身（D2）依喜好製作內口袋。口袋的位置必須於止點以上。

12 取金屬碼裝拉鍊約24.5cm，於尾端安裝拉鍊飾尾釦。

13 於裡布上方（如圖示）距一側布邊3cm與另一側布邊5cm的位置做出拉鍊起迄記號。

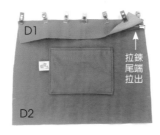

14 拉鍊布前端向後拗折45度角，對齊起點位置，疏縫固定於裡袋身上方，並於尾端5cm止縫位置，將拉鍊往下拉不車縫。

15 將裡上貼邊（D1）分別與裡袋身（D2）夾車。※記得車縫時，拉鍊尾端於止縫點要拉出不車縫。

16 縫份倒向裡袋身，沿邊壓線。另一側亦同。

▼組合袋身

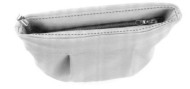

▼安裝配件

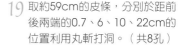

17 將二片裡袋身的袋底相車合，中間預留返口，同肩背款步驟11～14完成裡袋。

18 將表、裡袋正面相對，袋口相車合，並沿內袋口壓線。同肩背款步驟15～16。

19 取約59cm的皮條，分別於距前後兩端的0.7、6、10、22cm的位置利用丸斬打洞。（共8孔）

20 皮條兩端依第1、2的孔洞位置，於皮條的兩端安裝上連接釦。

21 將皮條置於表袋上貼邊的邊緣處，置中調整好後，依孔洞位置分別安裝上蘑菇釦（前表袋）、鉚釘（後表袋），將表裡袋固定住。

22 於袋口兩側邊安裝D環掛耳，縫合裡袋返口，勾上斜背帶即完成！

逍遙樂活。後背包

來場一個人的旅行，背上後背包就出發，讓它陪你走遍任何想去的地方。
可拆式的包款，使用上的自由度更大，材質上選用超輕盈的肯尼防水布，
減輕你出遊的負擔。

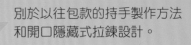

別於以往包款的持手製作方法
和開口隱藏式拉鍊設計。

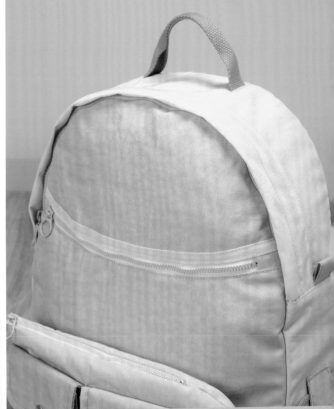

後背包的前口袋為可拆式，
可以當腰包使用。

更換配色，製作成男
用包款也合適。

【完成尺寸】

A.後背包款：寬31cm×高38cm×底寬11cm

B.腰包款：寬28cm×高15cm

Materials

🅐🅑 後背包＋腰包款：

【用布量】

肯尼防潑水尼龍布「單色3尺」多色搭配總數3尺，裡布4尺。

🅐 後背包款：

【配件】

塑鋼拉鍊50cm×1條、25cm×1條、8×8mm鉚釘×4組、日型環1¹/₂吋（3.8cm）×2個、方型環1¹/₂吋×2個、1吋（2.5cm）織帶×1尺、1¹/₂吋織帶×8尺、薄膠片×1片（上側身膠片6×48cm、袋底膠片11×23cm）、隱形磁釦×2組（與腰包一起）。

【裁布】

※示範製作採多色製作，請依個人需求自行裁布。

※採用肯尼布，所以表裡皆不燙襯。

紙型 🅑 面

部位名稱	尺寸	數量
表布		
前表袋身上片	版型	1
前表袋身下片	版型	1
前口袋	版型	1
後表袋身	版型	1
上側身A、C	版型	各1
上側身B	版型	2
下側身	版型	1
前袋身拉鍊配色布	2.5×30cm	1（斜布）
拉鍊頭尾布	寬3×長4cm	2
上側身拉環布	寬6×長7cm	2
三角背帶布	版型	2
背帶環布	7×7cm	2
袋身織帶環布	寬5.5×長11.5cm	4
裡布		
前袋身	版型	1
後袋身	版型	1
上側身	版型	1
下側身	版型	1
前口袋	版型	1
拉鍊頭尾布	3×4cm	2
滾邊布	4×260cm	1（斜布）
底板布	寬24.5×長23.5cm	1

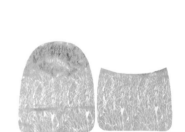

※版型為實版，縫份請外加。數字尺寸已內含縫份0.7cm。

Materials

B 腰包款：

【配件】

拉鍊20cm×1條、撞釘磁釦×2組，1吋活動連接環×1個，1吋織帶×3尺、8×8mm鉚釘×1組。

【裁布】

紙型 **B** 面

部位名稱	尺寸	數量
表布		
前袋身	版型	1
後袋身	版型	1
前口袋	版型	1
袋蓋	版型	2
裡布		
前袋身	版型	1
後袋身	版型	1

※版型為實版，縫份請外加。數字尺寸已內含縫份0.7cm。

How To Make

▼製作前拉鍊口袋

A 後背包款

01 取表裡拉鍊頭尾布，夾車25cm拉鍊一端。

02 將頭尾布翻回正面，疏縫上下兩側。

03 拉鍊另一端同作法完成車縫。

04 取表前口袋，袋口處與拉鍊正面相對疏縫固定。

05 將裡前口袋對齊蓋上，與表前口袋夾車拉鍊。

06 翻回正面，車縫0.2cm臨邊線。

07 取前袋身下片放置在後方，上方對齊拉鍊邊疏縫固定。

08 將拉鍊上方車縫上拉鍊配色布。

09 如圖位置貼上水溶性雙面膠帶，以利車縫。

10 將前袋身上片放在貼水溶性膠帶的位置，對齊好黏合。

11 拉鍊配色布往上摺，正面車縫0.1cm臨邊線。

12 再將配色布另一邊縫份折入，壓0.1cm臨邊線。

13 在前口袋背面依紙型位置車縫上2個隱形磁釦。

▼製作前後袋身

14 裡前後袋身依個人使用需求自由設計內口袋。

15 將裡前袋身與表前袋身背面相對，對齊疏縫一圈固定，備用。

16 取背帶環布，兩邊往中心折，並車縫臨邊線，再穿入方型環，對折疏縫固定。

17 取三角背帶布2片，右圖將已完成背帶環放在三角背帶布靠雙的位置，折起來車縫；左圖為翻至正面。

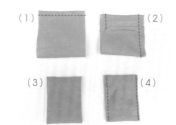

18 完成2片，在正面壓0.7cm裝飾線，備用。

19 製作織帶環布，先對折車縫後，縫份攤開車縫兩邊，一邊留返口，翻回正面，再將兩長邊壓臨邊線，完成4片。

20 取2片織帶環布，擺放在後袋身紙型標示位置上，車縫上下兩邊。再取裡袋身對齊疏縫固定。

▼製作上側身

21 取後背織帶4尺2條和三角背帶布2組，分別固定在紙型指定位置上。

22 製作織帶持手，取1尺織帶對摺，中心車縫10cm一段。

23 將持手織帶兩端固定在上側身C片兩側中心位置上。

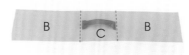

24 側身C片兩側與B片正面相對車合。

25 上側身B＋C＋B組合完成，縫份倒B車縫臨邊線。

26 再與上側身A片組合，A片上有拉鍊車縫線，須先將記號線畫在表布上。

27 取裡上側身與表上側身A片夾車50cm拉鍊。

28 夾車好拉鍊後，翻開示意圖。

29 取上側身拉環布，兩側往中心折，並在正面壓臨邊線。再對折疏縫固定。

30 表上側身A反摺好車縫拉鍊裝
飾線跟臨邊線。取拉環布依
位置固定在兩邊。

31 車縫好拉鍊裝飾線和臨邊
線，翻到背面所呈現的樣
子。

32 將膠片6×48cm，放入上側
身表布與裡布中間，疏縫固
定備用。

▼製作下側身

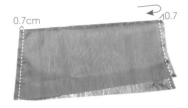

33 取底板布，右側摺起0.7cm
車縫臨邊線，左側對折車縫
0.7cm固定。

34 將底板布翻回正面，疏縫固
定在裡下側身袋底，對齊上
方的中心位置。

35 上側身與下側身表裡車合，
注意拉鍊位置，有留縫份。

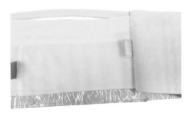

36 翻至正面的樣子。

37 側身完成後，表裡兩長邊疏
縫固定。

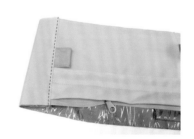

38 再將下側身兩短邊正面壓
0.2cm臨邊線。

▼組合袋身

39 下側身依位置車縫織帶環布。

40 側身拉鍊邊與前袋身周圍對
齊好車縫一圈。

41 再車縫上滾邊布一圈。

42 將滾邊布摺好包覆住縫份，壓臨邊線固定。

43 前袋身與側身車合完成。

44 另一側邊與後袋身同步驟40～42車縫完成。

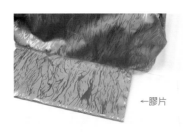
←膠片

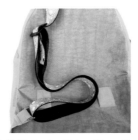

 **B** 腰包款

45 將袋底膠片11×23cm放入底板布，開口藏針縫合。

46 後背帶裝上日型環，與三角帶的方型環組合，結尾用2組鉚釘固定，製作成可調式背帶，共2個，完成。

▼製作前口袋

雙 返口
3.5cm

❷
❶

01 取袋蓋布，對摺車縫U型，留返口。彎度縫份修小後，翻至正面，返口藏針縫合，完成2片。

02 袋蓋2片正面車縫0.7cm的裝飾線。

03 取前口袋，先對折車縫後，縫份移至中間❶，再車縫右側❷。

谷
山

04 翻回正面，車縫袋口裝飾線，再依位置車縫0.2cm的山谷線。

05 前口袋山谷線圖。

06 前口袋依位置固定在袋身上，並車縫口袋的分隔線。

07 將山谷線摺合後，車縫口袋三邊臨邊線。

08 袋蓋依紙型位置車縫在口袋上方固定。

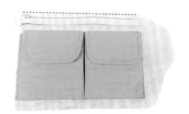

09 袋身袋口處與拉鍊正面相對，拉鍊頭尾布先折起45度，車縫固定。

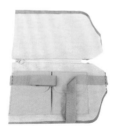

10 取前裡袋身與表袋身夾車，車縫到拉鍊止點。

11 縫份倒向裡袋身，車縫0.2cm臨邊線。

12 表裡後袋身同作法夾車另一邊拉鍊。

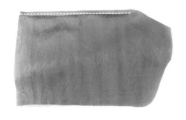

13 前袋身依位置右側先固定1吋織帶55cm長，左側依位置固定織帶40cm長（織帶固定在表袋身）。

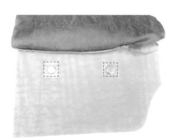

14 後袋身背面依紙型位置，車縫上隱形磁釦（與後背包磁釦相對應）。

15 表袋身與裡袋身分別正面相對車縫，在裡袋身留返口。

16 翻回正面，返口藏針縫合。

17 整理好袋型，正面所呈現的樣子。

18 依袋蓋磁釦位置，將撞釘磁釦裝好；織帶也裝上連接扣環，織帶一端摺好釘上鉚釘，另一端車縫固定，即完成。

出雙入對
· 情侶篇 ·

Part 4

男朋友女朋友。側背包

袋蓋上的放射狀設計讓包款變得獨特且個性化，將男女包款的放射方向設計相反卻又能互相呼應，搭配色彩的改變，同中求異，創作出極具協調性的情侶包款。

↓ 後袋身有直立式一字拉鍊口袋。

↑ 袋口以單邊式拉鍊布作法呈現。

前方有容量大的立體造型口袋。

【完成尺寸】
A.女生包款：寬22cm×高21cm×底寬8cm
B.男生包款：寬26cm×高25cm×底寬10cm

Materials

Ⓐ 女生包款

【用布量】（男生款相同）

表布2尺、裡布2尺、配色布2尺、厚布襯1碼、洋裁襯1碼。

【配件】

拉鍊（30cm×1條、25cm×1條、13cm×1條）、織帶1$\frac{1}{2}$吋×7尺、
磁釦×1組、1$\frac{1}{2}$吋方型環×1個、1$\frac{1}{2}$吋（3.8cm）日型環×1個。

Ⓑ 男生包款：

【配件】

拉鍊（40cm×1條、30cm×1條、15cm×1條）、織帶1$\frac{1}{2}$吋×8尺、
磁釦×1組、1$\frac{1}{2}$吋方型環×1個、1$\frac{1}{2}$吋（3.8cm）日型環×1個。

Ⓐ Ⓑ 女（男）生包款：

【裁布與燙襯】

※燙襯請依所選布料來決定燙厚襯或洋裁襯，作品示範以8號帆布為範例。　　紙型 Ⓓ 面

部位名稱	尺寸	數量	燙襯／其它
表布（8號帆布）			
袋蓋	版型	2	不燙襯
前袋身上片	版型	1	厚布襯不含縫份＋洋裁襯含縫份
前袋身下片	版型	1	厚布襯不含縫份＋洋裁襯含縫份
後袋身上片	版型	1	厚布襯不含縫份＋洋裁襯含縫份
後袋身下片	版型	1	厚布襯不含縫份＋洋裁襯含縫份
側身	版型	2	厚布襯不含縫份＋洋裁襯含縫份
袋底	版型	1	厚布襯不含縫份＋洋裁襯含縫份
貼邊布	版型	2	不燙襯
配色布（厚棉質布料）			
※前袋蓋上的配色布條可依個人喜好設計與編排，示範作品尺寸有 5cm、4cm、3cm等尺寸。			
前口袋（表＋裡）	版型	2	厚布襯不含縫份
前口袋上側身（表＋裡）	版型	4	厚布襯不含縫份
前口袋下側身（表＋裡）	版型	2	厚布襯不含縫份
袋口拉鍊布（表＋裡）	版型	2	厚布襯不含縫份
側身拉環布	4×5cm	2	
拉鍊尾布	5×7cm	1	
裡布			
袋身	版型	2	洋裁襯
側身	版型	1	洋裁襯
後表袋身	18×30cm（男包）	1	
一字拉鍊口袋布	16×28cm（女包）		
袋身口袋	自由設計		

※版型為實版，縫份請外加。數字尺寸已內含縫份0.7cm。

Materials

（表布）　　　　　　　　　　　（表布）

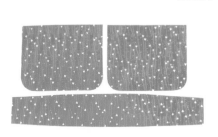

（裡布）　　　　　　　　　　　（配色布）

How To Make

※男女包款製作方式相同。

▼ 製作袋蓋

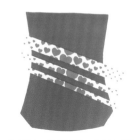

01 取袋蓋＋配色布，配色布條的數量跟寬窄可依自己喜好裁剪。

02 將配色布條兩邊縫份往內摺燙0.7cm。

03 放置在前袋蓋，可依自己喜好擺放。

04 確定位置後，兩邊車縫0.1cm裝飾線，再將多出袋蓋的部分剪掉。

05 後袋蓋依紙型標示位置裝上磁釦公釦。

06 磁釦背面可以加一片襯棉，增加堅固度。

07 取另一片袋蓋正面相對，如圖示車縫固定，並在弧度的位置剪牙口。

08 從上方開口處翻回正面，整燙好備用。

▼製作後袋身拉鍊口袋

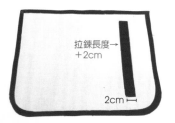

09 取後袋身下片，在拉鍊位置上扣掉厚布襯，減少厚度。

10 再燙上一層洋裁襯，避免厚布襯在製作過程中脫落。

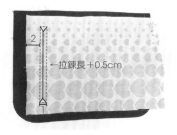

11 取一字拉鍊口袋布距邊2cm畫拉鍊框，與後袋身正面相對，車縫外框。

12 框內中心剪一道，接近兩邊剪Y型，注意角度要對好，翻正面時才會漂亮。

▼接合袋蓋與後袋身

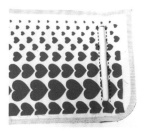

13 翻正時縫份倒向口袋布，車縫0.2cm臨邊線，再整燙，這步驟是為了正面不會看到口袋布而車縫的。

14 後袋身開口放上拉鍊，沿邊車縫右邊一道❶。再將後面口袋布對折，先翻回正面車縫另外三邊❷，再翻到背面車縫口袋兩側固定。

▼製作前口袋

15 前袋蓋先與後袋身下片對齊疏縫，再放上後袋身上片車縫固定。

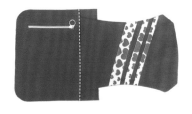

16 翻回正面，縫份倒向下方，正面沿邊壓線固定。

17 取2片前口袋上側身夾車拉鍊。

18 翻回正面，沿邊壓臨邊線固定，另一邊拉鍊同作法車縫完成。

19 取拉環布，兩邊往中心折燙，並翻回正面壓線。

20 將拉環布固定在上側身拉鍊兩側。

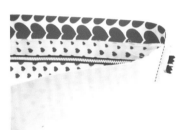

21 取2片前口袋下側身夾車上側身兩邊固定。

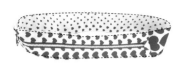

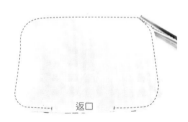

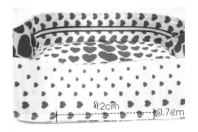

22 將側身表裡對合，外圍兩邊疏縫一圈。

23 取前口袋與側身先車縫0.5cm固定一圈。

24 在袋底依標示長度再車縫0.7cm一道，這是返口位置。

25 前口袋車縫好側身的正面圖示。

26 取另一片前口袋布，正面相對包裹整個已完成的前口袋車縫，返口不車，四處弧度位置剪鋸齒牙口。

27 由返口翻出，圖示為背面，返口先不要藏針縫，等磁釦裝上後再縫合。

▼接合前口袋

28 前口袋完成。

29 將前口袋車縫在前袋身下片上固定。

30 拉鍊拉開所呈現的樣子。

31 再與前袋身上片對齊車合。

32 翻回正面,車縫臨邊線。

33 取拉鍊車縫拉鍊尾布。

34 將拉鍊尾布折起,下片略比上片多0.2cm,車縫兩側。

35 由返口將拉鍊尾布翻至正面,返口再藏針縫合。

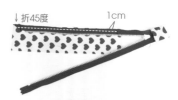

36 將拉鍊起頭布折45度,與袋口拉鍊布疏縫。

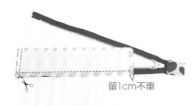

37 再取另一片袋口拉鍊布正面相對車縫,修剪轉角處縫份。

38 袋口布尾端折起0.7cm,翻至正面。

39 袋口布正面車縫ㄇ型臨邊線。

▼製作裡袋身

40 裡袋身口袋自由設計。

41 將完成的袋口拉鍊,疏縫在裡袋身上方。

42 再取貼邊布正面相對車縫。

43 翻至正面，縫份倒向裡袋身，車縫0.2cm臨邊線。

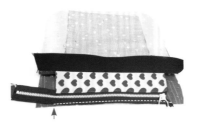

44 拉鍊另一邊疏縫固定在另一片裡袋身上，注意起頭跟收尾的位置。

45 再取另一片貼邊布對齊車合。

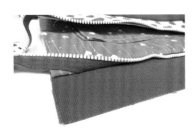

46 拉鍊收尾處呈現的樣子。

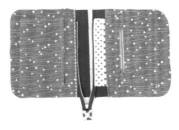

47 一樣縫份倒向裡袋身，正面壓線固定。裡袋身完成。

▼製作表側身

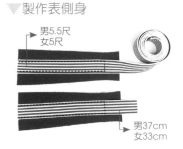

男5.5尺
女5尺

男37cm
女33cm

48 取表側身布，織帶車縫在標示位置上。

49 套上口型環後，再將織帶突出部分與側身邊對齊固定。

50 側身與袋底布正面相對車合。

51 翻至正面，縫份倒向袋底，車縫臨邊線固定。

52 再取裡側身布正面相對，車縫兩側。

53 翻至正面，縫份倒向裡側身，車縫臨邊線。

54 側身正面完成圖示。

55 側身背面圖示,並將上下疏 縫固定。

56 前表袋身與裡袋身組合,縫 份倒向貼邊,車縫臨邊線固 定。

57 前袋身與側身對齊好車合。

58 將裡袋身包裹整個前袋身, 對齊好車合,下方留返口不 車。※男包約留20cm返口, 女包約留18cm。

59 由返口翻出,裡袋身圖示。

60 後袋身與側身同作法56~ 59接合。翻出後藏針縫合返 口。

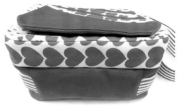

61 翻回正面示意圖。

62 前口袋先放一點東西,讓口 袋立體,再裝上磁釦,這樣 位置比較準確。

63 車合好袋底所呈現的樣子。

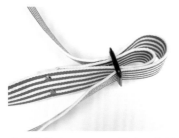

64 側身織帶的兩側,如圖示用 手縫固定。

65 織帶穿入日型環固定,製作 成可調式背帶。

66 整理好袋型即完成。

就愛放閃。隨行包

吸引目光的亮眼配色，利用尺寸比例與弧度的差異性，讓袋型呈現出方正帥氣與圓潤可愛的二種不同風格，並巧妙的將單肩背包與斜背包合而為一，男生背陽光帥氣、女生背可愛俏麗！

袋身前方有耳機穿入孔，
手機放在包裡聽音樂也方便。

▲ 調整背帶扣法可側背使用。

【完成尺寸】
A.男生款：寬18.5cm×高28cm×底寬10cm
B.女生款：寬19.5cm×高23cm×底寬9.5cm

口袋內還有貼式口袋，
讓貼身物品好收納。

後方口袋也可將後背絆布收入。

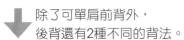

除了可單肩前背外，
後背還有2種不同的背法。

Materials

Ⓐ 男生款：

【用布量】

表布：酒袋布約1.5尺、圖案布（幅寬140cm）約1.5尺。

裡布：肯尼布（幅寬140cm）約2尺。

【配件】

27cm 5V雙頭碼裝拉鍊×1條、5吋定吋拉鍊×1條、3.2cm D環×1個、
2.5cm D環×4個、3.2cm日環×1個、3.2cm鉤環×2個、3.2cm織帶140cm（背帶用）＋6cm（單肩絆布
用）、2.5cm織帶6cm×2條＋14cm×2條＋24cm（短提把）、連接皮片×1片、鉚釘數組、EVA軟墊×1
片（厚度約2mm/單肩背絆布用）、造型插釦×1組、17mm雞眼×1組、3mm塑膠條約41cm。

【裁布與燙襯】　　　　　　　　　　　　　　　　　　　　　　　　　　　紙型 Ⓑ 面

部位名稱	尺寸	數量	燙襯／其它
表布（素色酒袋布）			
後袋身（表）	版型B1	1	厚布襯（不含縫份）＋洋裁襯
立體口袋袋蓋	版型C1	2	表：厚布襯（不含縫份）＋洋裁襯×1 裡：洋裁襯×1
單肩背絆布	版型E1	2	洋裁襯
側身配色布	8.5×6cm	2	洋裁襯
袋底	8.5×23.5cm	1	厚布襯（不含縫份）＋洋裁襯
立體口袋側身布（表）	3.5×44.5cm	1	厚布襯（不含縫份）＋洋裁襯
出芽斜布條	2.5×44cm	1	
後袋身口袋布（表）	19.5×22cm	1	洋裁襯
表布（圖案布）			
前袋身（表）	版型A1	1	厚布襯（不含縫份並扣除拉鍊框）＋洋裁襯
立體口袋（表）	版型D1	1	厚布襯（不含縫份）＋洋裁襯
拉鍊口布	5.5×28.5cm	1	厚布襯（不含縫份）＋洋裁襯
側身（表）	8.5×20cm	2	厚布襯（不含縫份）＋洋裁襯
提把布	7×25.5cm	1	
拉鍊口袋布	17×48cm	1	
後袋身口袋配色布	19.5×4.5cm	1	洋裁襯
貼式口袋布	11.5×22.5cm	1	
內口袋配色布	19.5×4cm	2	
裡布（肯尼布）			
前袋身	版型A1	1	
後袋身	版型B1	1	
立體口袋（裡）	版型D1	1	
拉鍊口布	5.5×28.5cm	1	
側身（裡）	8.5×60.5cm	1	
立體口袋側身布（裡）	3.5×44.5cm	1	
後袋身口袋布（裡）	19.5×22cm	1	

內口袋	19.5×18cm	2	（可自行設計製作）
包邊斜布條（1）	4×75cm	1	
包邊斜布條（2）	4×95cm	1	

※若使用其它素材，燙襯需求請依喜好斟酌調整。

※版型為實版，縫份請外加。數字尺寸已內含縫份0.7cm，後方數字為直布紋。

Ⓑ 女生款：

【用布量】

表布：酒袋布約1.5尺、圖案布（幅寬140cm）約1.5尺。

裡布：肯尼布（幅寬140cm）約2尺。

【配件】

25cm 5V雙頭碼裝拉鍊×1條、5吋定吋拉鍊×1條、3.2cm D環×1個、2.5cm D環×4個、3.2cm日環×2個、3.2cm鉤環×4個、3.2cm織帶130cm（背帶用）×2條＋6cm（單肩絆布用）、2.5cm織帶6cm×2條＋14cm×2條＋22.5cm（短提把）、連接皮片×1片、鉚釘數組、EVA軟墊×1片（厚度約2mm／單肩背絆布用）、造型插釦×1組、17mm雞眼×1組、3mm塑膠條約33cm。

【裁布與燙襯】

紙型 Ⓑ 面

部位名稱	尺寸	數量	燙襯／其它
表布（素色酒袋布）			
後表袋身	版型B2	1	厚布襯（不含縫份）＋洋裁襯
立體口袋袋蓋	版型C2	2	表：厚布襯（不含縫份）＋洋裁襯×1 裡：洋裁襯×1
單肩背絆布	版型E2	2	洋裁襯
側身配色布	8.5×5.5cm	2	洋裁襯
袋底	8.5×23.5cm	1	厚布襯（不含縫份）＋洋裁襯
立體口袋側身布（表）	3.5×35.5cm	1	厚布襯（不含縫份）＋洋裁襯
出芽斜布條	2.5×35cm	1	
後袋身口袋布（表）	21.5×17.5cm	1	洋裁襯
表布（圖案布）			
前表袋身	版型A2	1	厚布襯（不含縫份並扣除拉鍊框）＋洋裁襯
立體口袋（表）	版型D2	1	厚布襯（不含縫份）＋洋裁襯
拉鍊口布	5.5×26.5cm	1	厚布襯（不含縫份）＋洋裁襯
側身（表）	8.5×15.5cm	2	厚布襯（不含縫份）＋洋裁襯
提把布	7×24cm	1	
拉鍊口袋布	17×38cm	1	
後袋身口袋配色布	21.5×4.5cm	1	洋裁襯
貼式口袋布	11.5×21.5cm	1	
內口袋配色布	21×4cm	2	

Materials

裡布（肯尼布）			
前袋身	版型A2	1	
後袋身	版型B2	1	
立體口袋（裡）	版型D2	1	
拉鍊口布	5.5×26.5cm	1	
側身（裡）	8.5×51.5cm	1	
立體口袋側身布（裡）	3.5×35.5cm	1	
後袋身口袋布（裡）	21.5×17.5cm	1	
內口袋	21×15cm	2	（可自行設計製作）
包邊斜布條（1）	4×65cm	1	
包邊斜布條（2）	4×85cm	1	

※若使用其它素材，燙襯需求請依喜好斟酌調整。

※版型為實版，縫份請外加。數字尺寸已內含縫份0.7cm，後方數字為直布紋。

How To Make

 **男生款**

▼製作前表袋身拉鍊口袋

01 將拉鍊口袋布置於袋口距4cm位置與前表袋布（A1）正面相對，並於距表袋布上方6cm位置（如版型位置）車縫13×1cm的一字拉鍊方框。

02 拉鍊框中心剪雙頭Y字線後，縫份倒向口袋布，沿口袋布兩長邊壓線。

03 將裡布由拉鍊框翻到表布後方並整理整燙後，將拉鍊置於拉鍊框後方，先車縫固定下方。

04 於拉鍊下方如版型標示位置打上17mm雞眼（耳機線穿入孔）。

05 接著將口袋裡布向上對摺後，於正面車縫拉鍊框冂型邊。

▼製作前表袋身立體口袋

06 再翻到背面，車縫拉鍊口袋裡布兩側，完成拉鍊口袋。

07 二片袋蓋布（C1）正面相對車合，於直線處預留返口，剪牙口並將縫份修小。

08 由返口翻面正面，縫合返口後沿邊壓裝飾線。

09 立體口袋表裡布（D1）正面相對，袋口相車合。

10 將3mm塑膠條包入出芽布中，前端預留1cm不車，尾端留約5cm不車。

11 將塑膠條拉至1cm起始位置，將前端1cm的出芽布向中心拗折成45°。

12 斜角對齊距袋口1cm處開始車縫固定於口袋表布上（轉彎處請剪牙口）。多餘的塑膠條請剪掉。

13 立體口袋側身表、裡布正面相對，車縫∩型（留一長邊不車縫），剪斜角後翻回正面，於兩側短邊壓線，長邊開口處可先疏縫固定。

14 口袋表、裡布夾車側身布：先將側身布疏縫固定在口袋表布上（轉彎處請剪牙口），預定返口處請車實際線。

15 接著與口袋裡布夾車（如強力夾處），預定返口處則不車縫。

16 將縫份修小由返口翻回正面，以藏針縫縫合返口後，於袋口壓裝飾線。

17 將立體口袋以壓臨邊線的方式，固定在表前袋身指定位置上。並於袋口兩側上方，安裝加強固定與裝飾用的鉚釘。
※請留意不要車縫到後面的拉鍊口袋布。

▼製作後表袋身

18 接著將步驟8的袋蓋，置中對齊袋口上方，以鉚釘固定。※也可以用車縫雙線的方式固定。

19 在袋蓋與口袋適當對應位置，安裝造型插釦。

20 取貼式口袋布對摺車縫短邊，再將接縫處置中（縫份燙開），車縫兩側並預留返口。

21 翻回正面於袋口壓線，固定於距後表袋身袋口9cm置中的位置。

22 分別將後袋身口袋表、裡布與口袋配色布（三片）相接合，縫份分別倒向表、裡布，並沿邊壓線。

23 將口袋布對摺後，於袋口車縫裝飾線，並疏縫固定於後表袋身，依後表袋身尺寸將多餘的口袋布剪掉。

24 將6cm織帶套入3.2cm的D環並固定在其中一片單肩背絆布短邊中心位置。

25 二片單肩背絆布正面相對車縫ㄇ型邊，前端剪斜角。

26 翻回正面後，EVA軟墊依絆布尺寸往內修小塞入絆布中。※距開口處布邊約1.5cm不需要有EVA軟墊。

▼製作表側身與袋底

27 將單肩背絆布沿三邊壓線（中間可加壓X形裝飾固定線），疏縫於後表袋身上方中心位置。

28 取二片側身布分別與表袋底相接合，縫份倒向袋底並壓線。

29 將14cm的織帶套入2.5cm的D環，車縫固定於距袋底1cm的側身位置，並安裝一顆加強固定用與裝飾的鉚釘。另一側亦同。※請注意二片下側身的D環方向須一致。

30 將6cm的織帶套入2.5cm的D環，車縫固定於側身距布邊4cm的位置。另一側亦同。

31 取側身配色布上下兩長邊各向內摺1cm後，車縫固定於側身D環下方。完成兩側。

32 內口袋配色布穿入滾邊器中，一邊拉一邊折燙。

▼組合袋身

33 再與口袋布正面相對沿袋口車合。

34 將配色布往後拗折包邊，於正面壓臨邊線固定。口袋布疏縫於裡袋身，並依裡袋身尺寸將多餘的部份修剪掉。可依使用需求車縫分隔線。另一片裡袋身亦同。

35 前袋身表裡布夾車拉鍊，翻回正面並沿拉鍊邊壓線。

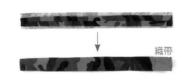

36 拉鍊口布表、裡布夾車另一側拉鍊，並沿拉鍊邊壓線。

37 提把布對折車縫長邊，縫份燙開置中，翻回正面後置入織帶。

38 頭尾端開口縫份內摺以藏針縫縫合，並於兩長邊壓線。

39 提把布中心安裝連接皮片後，固定在拉鍊口布距兩側布邊3.5cm，與距後袋身1.5cm的位置，車縫一個4cm的矩型框（中間可加壓X形裝飾固定線），另一側亦同。

40 側身表、裡布與拉鍊口布夾車，接合成一個圈，縫份倒向側身，並沿邊壓線。※請注意下方D環的位置需朝後袋身的方向。

41 分別將前袋身的表、裡布，以及後袋身的表、裡布疏縫固定。

42 將側身與前袋身對齊好車縫組合。

43 並以包邊斜布條（1）車縫滾邊，包摺好縫份後，另一邊則以手縫藏針縫固定。※亦可使用人字帶車縫包邊取代。

44 另一側後袋身亦同，利用包邊斜布條（2）完成袋身組合。

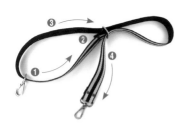 

45 製作可調式活動背帶：將織帶一端❶先套入鉤環，❷再套入日環，尾端摺好以鉚釘固定，❸再套回日環，❹套入另一個鉤環並以鉚釘固定。

46 勾上背帶後，完成！

 B 女生款

請參考男生款步驟依序製作。
※註：再多加製一條可調式活動背帶，就可當雙肩後背包使用了喔！

魅力百分百。單肩包

包款上鎖鏈的圖騰，展現出有個性的獨特風貌，配色雖然低調，卻依舊吸睛好看，不失它的風采。造型別於其他包款的開口設計，更能襯托出使用者與眾不同的魅力。

設計／李依宸

將前袋身磁釦打開，內藏隔層口袋。

【完成尺寸】
A.男用包款：寬20cm×高42cm×底寬6cm
B.女用包款：寬18cm×高33cm×底寬4.5cm

可左肩可右肩揹，隨心調整。

Materials

ⒶⒷ 男女用包款：

【用布量】
表布2尺、裡布2～3尺（女用2尺）、洋裁襯1碼、厚布襯1碼。

【配件】
男用包：拉鍊35cm×1條、25cm×1條。

女用包：拉鍊30cm×1條、20cm×1條。

共同：1吋（2.5cm）皮帶釦環×1個、雙耳吊環×1個、1吋三角吊環×2個、1¼吋（3.2cm）日型環×1個、1¼吋鋅鉤×1個、7mm雞眼×3個、8×8mm鉚釘×3個、造型磁釦×1組、1吋織帶1.5尺、1¼吋織帶5尺。

【裁布與燙襯】（AB.男女款相同）
※表布：採用緹花輕防水布料，表布裁片皆燙洋裁襯。　　紙型 Ⓓ 面

部位名稱	尺寸	數量	燙襯／其它
表布			
前口袋	版型A、B、C	各1	洋裁襯
前袋身	版型D	1	洋裁襯
前上片	版型E	1	洋裁襯
後袋身	版型	1	洋裁襯
側身	版型	1	洋裁襯
拉鍊尾布	3×5cm	2	（表裡各1片）
織帶配色布a	2.5×30cm	1	
織袋配色布b	2.5×7cm	2	
織袋配色布c	3.5×150cm	1	
裡布			
後袋身	版型	1	燙厚布襯不含縫份
前上片	版型E	1	燙厚布襯不含縫份
前袋身	版型D	1	燙厚布襯不含縫份
前口袋	版型B	1	燙厚布襯不含縫份
前口袋後片	版型F	1	燙厚布襯不含縫份
側身	版型	1	燙厚布襯不含縫份

※織帶分配：1吋織帶為前皮帶環裝飾帶跟側吊環布，1吋寬×長30cm×1條、7cm長×2條、1吋2織帶肩背帶5尺長。

※版型為實版，縫份請外加。數字尺寸已內含縫份0.7cm。

▼ 製作前拉鍊口袋

01 取2片拉鍊尾布夾車拉鍊。※男用25cm，女用20cm拉鍊。

02 尾布翻至正面，上下兩邊疏縫固定。

03 取表前口袋B，將拉鍊正面相對疏縫在上方。

  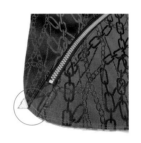

04 裡前口袋B對齊覆蓋上，夾車拉鍊。

05 翻至正面車縫0.2cm臨邊線。

06 拉鍊另一側與口袋後片F（拉鍊背面對F正面）對齊疏縫固定。

07 拉鍊正面再與前口袋A正面相對車合。

08 前口袋A翻至正面，車縫0.2cm臨邊線。

09 接合時要注意下方車縫位置是對齊的。

▼ 製作袋口拉鍊

10 取前口袋C與前口袋A正面相對，依標示位置車縫。弧度剪鋸齒牙口，標示位置處要剪一刀。

11 翻至正面，沿邊車縫0.7cm裝飾線。

12 取表前上片E，下方弧度處與拉鍊正面相對疏縫固定。※男用35cm，女用30cm拉鍊。

13 裡前上片E對齊蓋上，夾車拉鍊。轉角弧度需剪牙口，注意剪時要離車縫線還有0.2cm的距離。

14 翻至正面，車縫臨邊線固定。

15 取表裡側身夾車前上片E兩邊。

↓車0.2cm臨邊線
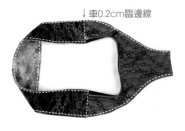

16 夾車好將表側身翻開的正面示意圖。

17 表裡側身對齊，沿短邊車縫0.2cm臨邊線；長邊延至前上片E疏縫固定。

18 將車好的前口袋對齊擺放在表前袋身D上，疏縫固定。

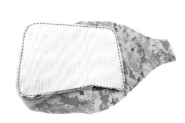

12cm返口

返口

19 再與側身組合一圈，先疏縫約0.5cm縫份。

20 依標示位置車縫一段寬約0.7cm，長12cm的返口。

21 再取裡前袋身D正面相對（將外側身包覆進去），車縫一圈，返口不車。

22 由返口翻出後，藏針縫合返口。

23 翻回正面，將袋口拉鍊位置車縫臨邊線。

24 取裡後袋身，依個人需求自由設計內口袋。

25 將裡後袋身跟已完成的前表袋身周圍對齊，疏縫固定。

26 疏縫好的正面示意圖。

27 左側留約12cm（男包12cm，女包10cm）返口位置車縫。

▼製作表後袋身與組合

28 取織帶配色布❶，兩邊往中心內折❷，並車縫在織帶上❸。需完成1吋30cm×1條、7cm×2條，1¼吋織帶5尺長。

29 取7cm織帶穿入三角吊環對摺，車縫固定。

30 將完成的吊環固定在表後袋身標示位置上。※兩側都車吊環，要左背或右背都可以。

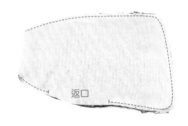

31 表後袋身與前袋身正面相對，車合上方標示位置。

32 翻至正面，先把轉角的角度翻整好。

33 再翻到背面，繼續車縫一圈，返口處不車。

▼製作背帶

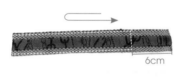

34 翻回正面，將返口藏針縫合。

35 取30cm車好配色布的織帶，對折至尺寸位置，車縫上下兩側。

36 依圖標示距離組裝雞眼。※男用包第一個雞眼距離邊4.5cm，女用包距5.5cm。

37 將織帶裝上皮帶釦環。

38 翻到織帶背面，縫上造型磁釦公扣。

39 完成的前織帶裝上雙耳吊環的1吋框裡，再將織帶擺放在後袋身上方往下2.5cm處車縫一道固定。

40 將織帶翻至前袋身，裝上雙耳吊環，並距離邊1.5cm處釘上鉚釘。

41 背面所呈現的樣子。

42 前袋身在磁釦公扣相對應位置縫上母扣。

43 雙耳吊環上方穿入$1^{1}/_{4}$吋織帶，裝上日型環跟鋅鉤，製作成可調式背帶。

44 鋅鉤與織帶組合好，結尾處用鉚釘固定。

45 將鋅鉤扣上三角吊環，完成。

國家圖書館出版品預行編目（CIP）資料

1＋1幸福成雙手作包：適合閨蜜、情侶、親子一起使用
的完美設計手作包 / 李依宸, 林敬惠編. -- 初版. -- 新北市
：飛天手作, 2018.10
　　面；　公分. --（玩布生活；25）
ISBN 978-986-96654-0-7（平裝）

1.手提袋 2.手工藝

426.7　　　　　　　　　　　　　　　　　107015768

玩布生活25

1＋1幸福成雙手作包
適合閨蜜、情侶、親子一起使用的完美設計手作包

作　　　者／李依宸、林敬惠（紅豆）
總編輯／彭文富
企　　　劃／張維文
責　　　編／潘人鳳
美術設計／曾瓊慧
攝　　　影／張世平
紙型繪圖／許銘芳

出版者／飛天手作興業有限公司
地址／新北市中和區中正路872號6樓之2
電話／(02)2222-2260‧傳真／(02)2222-2261
廣告專線／(02)22227270‧分機12 邱小姐
教學購物網／http://www.cottonlife.com
Facebook／https://www.facebook.com/cottonlife.club
E-mail／cottonlife.service@gmail.com
■發行人／彭文富
■劃撥帳號／50381548　■戶名／飛天手作興業有限公司
■總經銷／時報文化出版企業股份有限公司
■倉　　庫／桃園縣龜山鄉萬壽路二段351號
初版／2018年10月
定價／420元　（港幣：140元）
ISBN／978-986-96654-0-7

紙型 A

P.08 超好麻吉饗樂包 A 肩背款 （6 張）

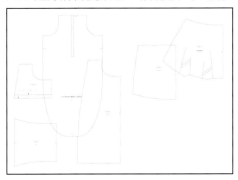

P.08 超好麻吉饗樂包 B 手提款 （7 張）

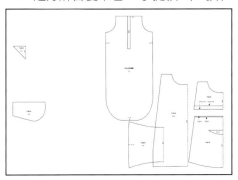

P.30 水洗帆布花朵包 A 手提款 （9 張）

P.30 水洗帆布花朵包 B 肩背款 （11 張）

紙型 B

P.20 情比姊妹深肩背包 （11 張）

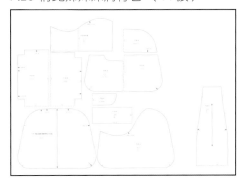

P.70 都會甜心微笑包 （9 張）

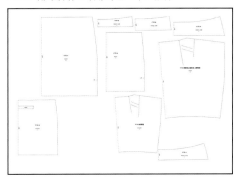

P.80 逍遙樂活後背包 （12 張）

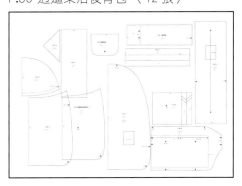

P.102 就愛放閃隨行包 （8 張）

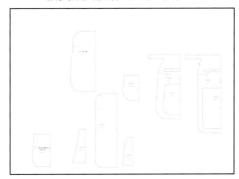

紙型 C

P.42 元氣飯糰後背包 （9 張）

P.56 幸福時光後背包 A 大人款 （14 張）

P.56 幸福時光後背包 B 兒童款 （13 張）

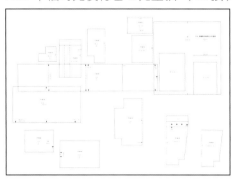

紙型 D

P.92 男朋友女朋友側背包 A 女包 （10 張）

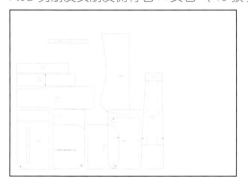

P.92 男朋友女朋友側背包 B 男包 （10 張）

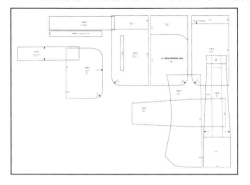

P.113 魅力百分百單肩包 A 男包 （8 張）

P.113 魅力百分百單肩包 B 女包 （8 張）

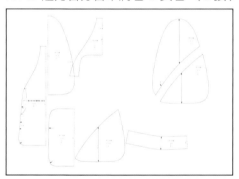

Innov-ís 180K
Hello Kitty 電腦刺繡縫紉機

- 54 款 Hello Kitty 刺繡圖案
- 彩色 LCD 輕觸式背光螢幕
- 181 種實用及裝飾針趾
- 超大縫紉刺繡空間平台

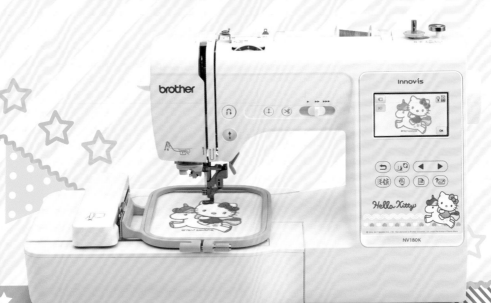

縫紉世界第一品牌
New Creative Collection for LIFE

CC-1877 Sewing Pioneer

不管是縫紉、拼布、洋裁將會帶領你往更高的境界

無與倫比的功能
內斂有型的外觀
滿足您的縫紉需求

新上市

超高速
直線速度高達每分鐘1200針，並有速度控制，60~1200 SPM，適合初學者到中高階者使用。

先進式自動穿線裝置
具有自動穿線裝置，突破傳統穿線困難，只要輕輕一按即可完成穿線。

LCD 液晶螢幕
3.6寸液晶螢幕可以清楚地看到縫紉設定和針跡選擇，壓腳設置，及送布齒狀況。

200種針趾花樣
內建200種花樣最大可車縫幅寬高達9mm，並可微調針趾共有91種變化，並可儲存花樣記憶20組

多功能針板一鍵替換
仿工業直線壓腳和針板設計針對不易車縫布料，車縫針趾更漂亮。共有三款針板並有安全裝置，可針對您的需求快速安裝，方便好使用。

上送料送布裝置
具特殊上送料送布裝置，可依照布料材質調整，提高車縫精確度。

針趾長度&寬度旋鈕調整
使用旋轉刻度鈕可以精確調整針趾長度和寬度。多功能設計也能調整落針並移動光標進行花樣選擇。

雙大型置線架
可收納的直立式導線桿，可方便使用大型線軸。

臺灣喜佳股份有限公司　http://www.cces.com.tw　客服專線：0800-050855

填寫問卷抽縫紉機大獎

感謝您購買飛天手作所出版的書籍，請仔細填寫以下相關資料，並於2018年12月12日前將問卷（影印無效）寄回本社，就有機會獲得價值24800元的縫紉機大獎喔！獲獎名單將於官方FB粉絲團（http://www.facebook.com/cottonlife.club）公佈，贈品將於2019年1月寄出。※本活動只適用於台灣、澎湖、金門、馬祖地區。

☆個人資料

姓名／   性別／□女 □男   年齡／   歲

出生日期／   月   日   職業／□家管   □上班族   □學生   □其他

手作經歷／□半年以內   □一年以內   □三年以內   □三年以上   □無

聯繫電話／（H）   （O）   （手機）

通訊地址／郵遞區號

E-Mail／

Q1.您從何處購得本書？   □一般書店   □超商

　　　　　　　　　　　　□網路商店（博客來、金石堂、誠品、其他）

Q2.您覺得本書的整體感覺如何？   □很好   □還可以   □有待改進

　　原因：＿＿＿＿＿＿＿＿＿＿＿＿＿＿＿＿＿＿＿＿＿＿＿＿＿＿＿

Q3.購買本書的原因（可複選）？

　　□作者   □內容   □設計   □出版社   □抽獎活動   □其它

Q4.您最喜歡的作品？ 名稱＿＿＿＿＿＿＿ 原因＿＿＿＿＿＿＿＿＿＿＿

Q5.您不喜歡的作品？ 名稱＿＿＿＿＿＿＿ 原因＿＿＿＿＿＿＿＿＿＿＿

Q6.整體作品的難易程度對您而言？   □適中   □簡單   □太難

Q7.目前有興趣的手作主題與建議？＿＿＿＿＿＿＿＿＿＿＿＿＿＿＿＿＿

Q8.自己最喜歡的3本手作書書名？ ＿＿＿＿＿＿＿＿＿＿＿＿＿＿＿＿＿

Q9.拼布喜好：   □手縫   □機縫   □二者都愛

Q10.家中有無縫紉機：   □有（品牌＿＿＿＿＿＿＿＿） □無

請沿此虛線剪下，對折黏貼寄回謝謝！

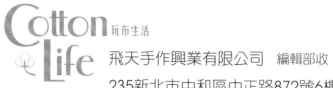

飛天手作興業有限公司　編輯部收

235新北市中和區中正路872號6樓之2

讀者服務電話：（02）2222-2260